写真で愉しむ

東京「水流」地形散歩

小林紀晴
Kobayashi Kisei

監修・解説　今尾恵介
Imao Keisuke

a pilot of wisdom

写真で読み解く

東京「水流」地形散歩

本文デザイン：アイ・デプト．

まえがき　私は縄文人、未来の東京を日々撮影している

小林　紀晴

長野県の諏訪《すわ》盆地から上京して三十数年が経《た》つ。旅にでることも多いが、それ以外の多くの時間をずっと東京で過ごしてきた。人生の五分の三以上の時間だ。

私は長いあいだ、東京は真っ平らな場所だと信じ込んでいた。思い込んでいたといってもいいかもしれない。もちろん東京のあちこちに坂や川があることは知っていたし、体感してもいたのだが、それらは飾り程度にときどき現れるといった認識で、その成り立ちや理由について考えることはほとんどなかった。

私が生まれ育った地はそれとは対照的に三六〇度の方向が山に囲まれ、視界のすべてをそれに遮られている。盆地とはいえ、私の実家は八ヶ岳側なので、ほとんど平らな場所がない。もっとも平らなのは学校の校庭だ。ちなみに大人はほとんど自転車には乗らない。坂が多すぎて実用的ではないからだ。上京するまで自転車は小学生から高校生だけのものだと思っていた。

山はいってみれば谷と沢の集合体みたいなものだから、それらがいかに水の力によって削ら

れ、かたちづくられてきたのかが一目瞭然《いちもくりょうぜん》だ。現在進行形で水の力によって削られ続けている実感がある。過去から現在、そして未来までの時間の流れが眼前にある。

東京の地形や川に対して長いあいだ関心がなかったのは、これらのことと深く関係している。都内地形に関して一見、過去も未来も感じられないのだ。多摩川などの大きな川をのぞいて、都内を流れている多くの川はほとんど三方がコンクリートで覆われている。だから時間が停止しているかのように映る。このことは都市を語る上で重要で、かつ象徴的なことだろう。ここに都市の哀《かな》しみがある。

東京の地形に興味を持ち資料を読むなかで、約二万年前の氷河期の最盛期に世界的な海面低下が起こったことを知った。一説には一〇〇メートルから一四〇メートルの海面低下があったと考えられている。現在の東京湾も海から顔を出した地表で、古《こ》東京川という川が流れていたようだ。その痕跡が今も海底に残っているという。

このことを知ってからは、それまで慣れ親しんでいた風景が急に違って見えだした。例えば中野坂上《さかうえ》駅から歩いて数分の坂の上に立ったときのこと。足元から急な下り坂になっていて、見晴らしがいい。学生の頃から慣れ親しんだ場所だが、なぜ眺めがいいのかを深く考えたことはなかった。実は膨大な時間をかけて神田川が土を削った跡だと知った。この事実に触れたとき私は心が大きく動いた。感動した。時間の堆積を眼前にしているような気持ちになったからだ。

東京に暮らす多くの人は日々の生活のなかで実際に坂を上ったりくだったりしていても、その意味についていてどれほど考えるだろうか。おそらくあまりその機会はないだろう。それでも、足下には太古から続く時間の蓄積が眠っている。

神田川と善福寺《ぜんぷくじ》川が合流する地点には縄文後期、弥生時代の遺跡がある。川は三方をコンクリートに囲まれているが合流地点の少し上流側に立ち川下を向けば、あたかも岬の先端にみずからが立っているような気がする。その時代の人もそこから似たような水の流れを見ていたはずだ。その頃、そこからはどのような風景が望めたのだろうか。川は同じように蛇行していたのか、あるいは違ったのか。かつて海の波が削った日暮里崖線《がいせん》にも足を運んだ。そこには縄文時代の巨大な貝塚跡があった。いずれも水と人の生活との深い関わりを感じた。

私はシノゴ（4×5）と呼ばれる大型フィルムカメラ（4インチ×5インチのシートフィルムを装塡して撮影）を携えて東京を歩いた。カメラは木製でシャッターは電池式ではない。それに三脚に据えて撮ることしかできない。デジタルカメラ全盛の時代になぜフィルム、それも扱いにくい大型カメラで撮影するのか。自分なりに理由はある。きちんと目の前の風景を見つめたい、切り取りたいということに尽きるのだが、このカメラには蛇腹がついていてライズ、アオリという機能を使うと、より美しい描写が可能なのだ。

このカメラで水流を感じさせる地形、その痕跡を撮影することを私は始めた。そして次第に熱中した。撮る行為は被写体に思いを馳《は》せることでもある。太古から止《とど》まることのない水の意思を強く感じながら、私は遠い過去、はるか彼方のことを考えた。すると遠い人たち、遠い光とシンクロしているような気分になった。

私は一人の縄文の男の姿を頭に描く。男に現代の東京の姿を想像することはできるだろうか。仮に今の東京を見たら、同じ場所だと認識できるのだろうか。おそらくできないだろう。だとしたらコンクリートとアスファルトに囲まれた現代のこの街は、縄文の男が見ている夢かもしれない。そんな奇妙な思いにとらわれた。

やがて、私はひとつの境地に至った。写真で未来は撮れるのだと。写真で未来は撮れないとずっと信じ込んでいたが、間違いだった。私は一万年前の縄文人。未来の東京を日々撮影している。

目次

6
12
5
4
3
上野駅
11
2
1
新宿駅
10
9
東京駅
7
品川駅

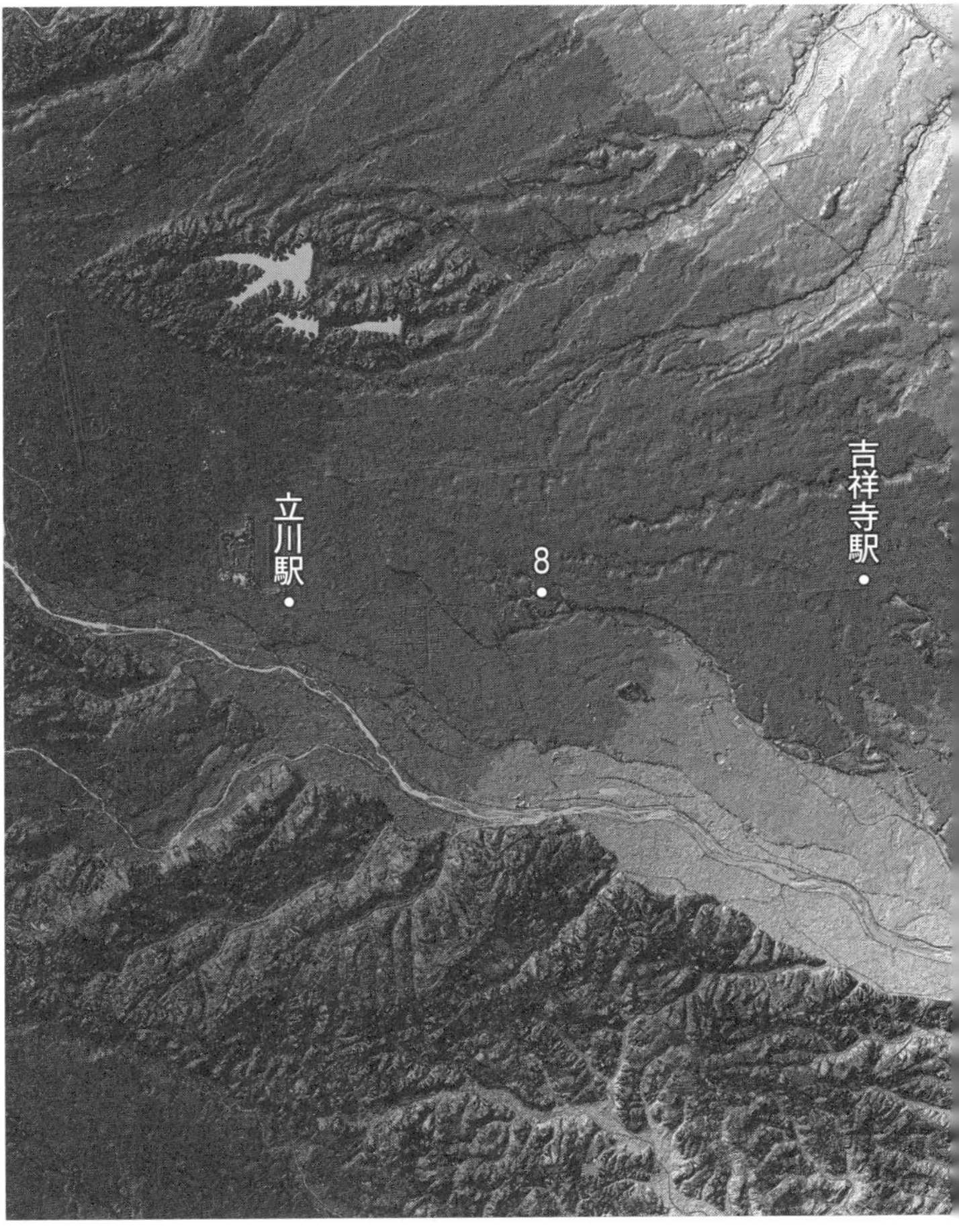

東京の立体地図。色の濃さは標高に比例している。西から東へ広大に広がる武蔵野台地の原型は古多摩川の扇状地で、これを長年にわたる川の流れが侵食して現在の地形となった。
地図調製：小林政能（地理院地図・基盤地図情報のデータを利用）

第一章　水の力、太古からの流れ

中野区弥生町《やよいちょう》

最初に向かったのは中野区本町《ほんちょう》から弥生町周辺。駅名でいえば丸ノ内線中野坂上駅と、さらに地下鉄で二駅離れた中野富士見町駅周辺。

個人的な体験と深く関係しているのだが、このあたりは私が東京に暮らし始めて最初の東京体験の地だ。三十数年前に写真を勉強するために長野から上京したのだが、その写真学校（東京工芸大学）がここにある。

写真学校は住宅街の真ん中にあって、学校の目の前、歩いて四〇メートルほどのところにコンクリートに両側を囲まれた川がある。コンクリートの壁は垂直で、ずいぶんと傷んでいた。それまで、こんな形状の川など見たことがなかったので、田舎者の私は川だと認識できず、巨大な排水溝だと解釈した。つまり、最初から完全に人工的につくられたものだと。

だから、神田川だと知ったときはとても驚いた。神田川の存在はかろうじて知っていた。か

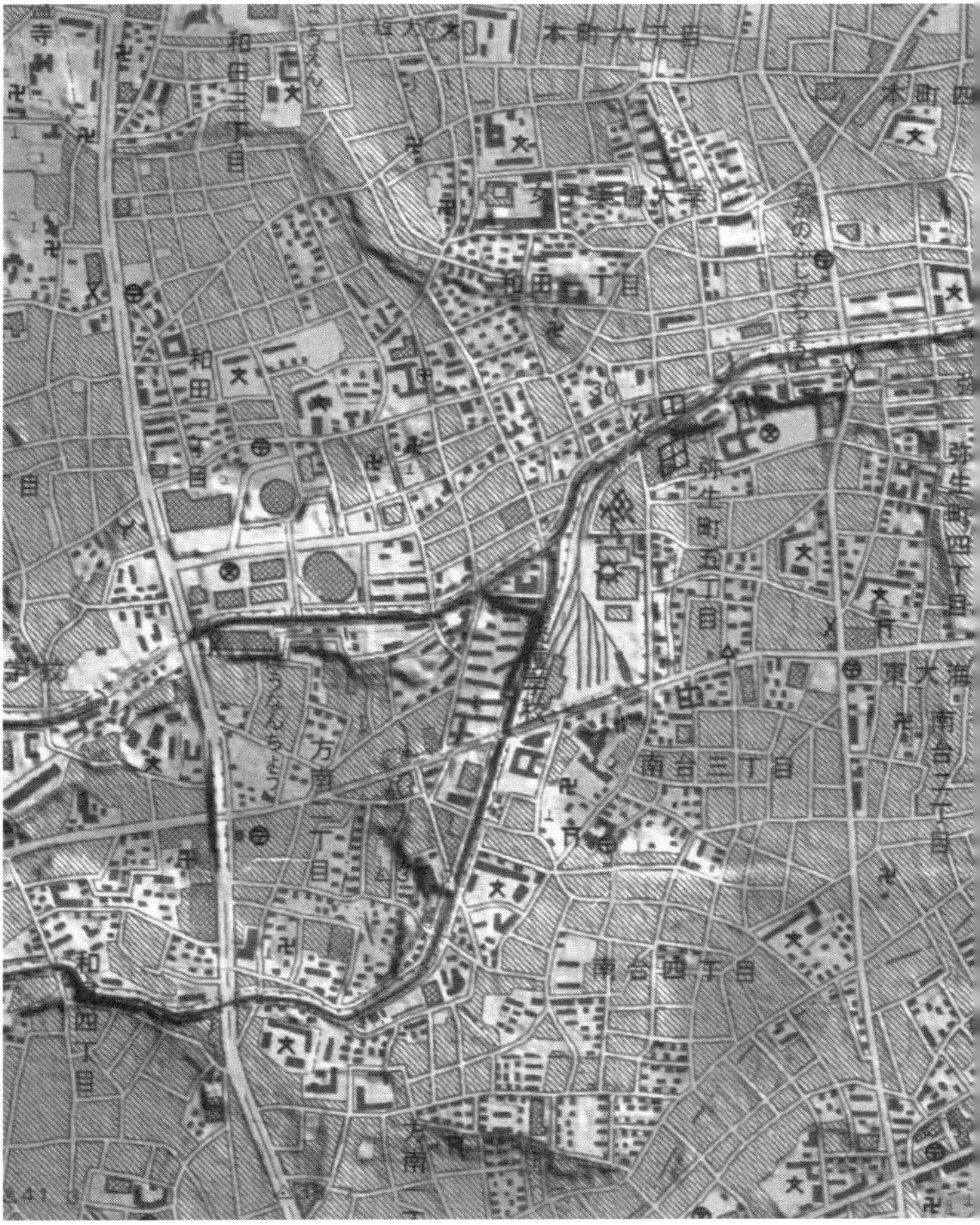

地下鉄丸ノ内線（方南町支線）中野富士見町駅（右上）～方南町駅とその周辺。左を南北に貫くのが環七通り、中央が東京メトロの車庫。
1:25,000デジタル標高地形図「東京都区部」（一財）日本地図センター　平成18年（2006）発行

ぐや姫が歌う「神田川」という歌によって。その歌が流行したのは昭和四八（一九七三）年で、私は五歳だから、もちろん同時代ではない。ときどきテレビで流れていたから歌詞くらいは知っていた。ただ、目の前の川と歌詞の「横丁の風呂屋」がどうしても結びつかなかった（実際には「神田川」の歌詞は、もっと下流の高田馬場あたりがモデルといわれているが）。

当時の神田川はよく氾濫した。憶《おぼ》えているのは、ある日学校に行くと数人のクラスメイトが欠席していたことだ。みな学校近くのアパートに下宿していた。台風が東京を襲った翌日のことで、先生は、「神田川が氾濫して、あいつら、学校に来られないんだよ」と言った。冗談かと思ったけれど本当だと知った。

はじめて見た「東京の野性」

私は授業のあいまに川の近くまで行ってみた。普段は高さ一メートルほどのコンクリートの壁が歩道沿いに見えているのだが、それが水で隠れていた。驚いたことに壁の上を水が乗り越えていたのだ。濁った水は灰色だった。向こう岸は遠く、人が渡るとしたらかなり危険だ。普段は底を弱々しく水が流れているだけの排水溝というイメージは消え、荒々しかった。

このとき、私ははじめて東京で野性を見たのだと思う。あるいは太古から変わらぬ水の意思を最初に目撃した瞬間だった。ただ、対岸の学生が絶対に学校に来られないということは冷静に考えればあり得ず、上流とか、下流など、あるいは渋谷までバスで出て、山手線と地下鉄を使ってぐるりと回ってくるなど、方法はいくらでもあったはずだが、その努力をしないのが学生らしいということだろうか。

最寄りの中野坂上駅から写真学校へ向かうには山手通りから行くとわかりやすいのだが、近道があって、住宅街の路地をジグザグに進む。すると最後は学校の裏に出るのだが、そこで急に視界が開ける。渋谷方向が一望できるのだ。そこに立つたびに、東京にもこんな見晴らしのいいところがあるのだといつも思った。そこから先はコンクリートの急な坂になる。半分階段、半分坂道という奇妙な細い歩道だ。階段なのは明らかに勾配が急すぎるからだろう。

なぜ、そこが高台で、急な坂なのか。当時、深く考えることはなかったが、あるとき訳を知った。神田川の水が台地を削ったからだ。気の遠くなるような時間をかけて、足元から先の膨大な量の土が水によって流された。その先端に自分が立っていることを知った。急に東京の街が違って見えだした瞬間でもあった。

コンクリートが水の流れに見える

その後、東京の西から東に流れる河川の場合、北向き（南側）の斜面より南向き（北側）の斜面の方が、傾斜が急なことが多いと知った。立体地図を注意深く目にすると、一目瞭然だ。

そのことについて貝塚爽平《そうへい》は、『東京の自然史』のなかでこう書いている。東京は火山灰（赤土）が特徴で、

「南むきの日なた斜面では、土が乾いてしまって、霜柱ができないが、北むきの日陰斜面では、土が乾かず水分の量が多いから、霜柱がたち、日中になって気温が上がるとそれがとけてくずれ、それに伴なって土がずり落ちてゆく。次の夜がくるとまた霜柱が立つという具合で、冬の間このようなことがくり返されるのである。日陰斜面では、斜面がゆるくなっており、反対に日なた斜面は急だという所をみかけるのはこのためである」

というのだ。この説が正しいのかどうかはわからない。でも、神田川、目黒川などはかなりこの傾向がある。そして私が立っている学校裏の高台もまさに南向きの斜面に位置し、対岸にくらべて傾斜はくらべものにならないほどに急だ。

私はまずこの高台の上に三脚を立てて写真を撮った。最初の一枚はここからと決めていたの

だ。言ってみれば、ここからの眺めが私の東京始点となる。

次に坂を下り振り向くかたちで、坂の上に向けて木製の蛇腹式のシノゴのカメラを構えた。写真の特性で、坂はなかなか描写されにくいのだが、シノゴカメラのピントグラスに左右上下逆に映る像を見ていると、ふとコンクリートそのものが、水の流れのように見えだす。私は約二万年前の氷河期の最盛期に、世界的な規模で起こった海面低下を想像してみる。一〇〇メートルから一四〇メートルの海面低下があったと考えられている。現在の東京湾も大半が地表だったことになり、そこに古東京川という川が流れていたようだ。海面がずっと低かったということは流れはより急だったはずだ。私が立っている場所も、その時にどれほど侵食されたのか。想像は別の想像を生む。連想は止まらない。

水の意思を私は確かに感じる。目の前の眺めがまるで違って感じられる。

岬のような河川の合流地点

次に神田川と善福寺川が合流する地点に向かった。ここもまたずっと以前から気になっていた場所だ。東京の西の地図を注意深く目にしていると、かならず気になる地点で、立体地図だとより際立つ。神田川と善福寺川はともに西から東へ流れていて、神田川が南、善福寺川が北

側だ。そのふたつの流れは東に行くほどに近づき、流れのあいだの台地の幅も次第にV字形に狭まっていく。

合流する地点はあたかも岬のように尖《とが》っている。東京の西側で、こんなふうに鋭角に河川が合流する地点はそう多くなく、際立っている。

興味深いことに、この合流地点には古くから人が住んでいたようだ。向田《むかいだ》遺跡という、縄文後期、弥生時代の遺跡がある。台地の上に集落があり、竪穴式《たてあなしき》住居があったとみられる（「東京都中野区向田遺跡発掘調査報告書」中野区教育委員会、一九八〇年）。

和田廣橋という古い橋のすぐたもとがその合流地点で、傍《そば》に杉並区がつくった案内板があった。そこには「善福寺川源流（遅野井《おそのい》の滝）から11・3㎞地点」と書かれていた。ここで善福寺川は神田川に飲み込まれ、名を消す。つまり神田川の支流ということになる。ただ、実際の流れを注意深く見てみれば、明らかに神田川より善福寺川の方が水量は多い。コンクリートでつくられた川幅も善福寺川の方が同じく大きい。

このあたりの標高差は肉眼ではほとんど認識できない。地図上では緩やかに西の方向に向かって上り坂になっているはずだが、緩やかすぎる。合流地点の南西の方向に巨大なマンションがあって、そのあたりは明らかに一〇メートルほど高いはずだが、まったく判断がつかない。

カメラから覗《のぞ》くと、よりわからなくなる。では仮に地表が覆い尽くされていなかったら、わかるのか。おそらくわかるだろう。それが道路と建物で覆い尽くされているから、判断がつかないはずだ。

これから始めようとしている撮影がかなり困難な、つまり写真に写りにくい旅になるだろうと予感した。だから、地表を膜のように覆っているコンクリートとアスファルトのすぐ下のかたちを想像することが、重要になるだろう（その後、同じような状況には何度も出くわすことになるのだが）。

ちなみに、合流地点の対岸は東京メトロの巨大な車庫だ。地図で見ると、そのあたりは合流地点より標高は少し高く平らだ。おそらく、神田川（あるいは善福寺川）によって削られ平らになった痕跡だろう。

一万年前と変わらないもの

私は岬の先端に立ち、川下を望む。思いがけず感慨をおぼえた。コンクリートの壁とフェンスが合流地点に向かって忠実に鋭角に尖っていて、自分が川の先端に立っていると感じさせてくれたからだ。美しい。

川底のコンクリートのあいだから生えた雑草のライン、古いマンション、新しいマンション、アパート、鬱蒼《うっそう》とした木々、電柱、電線……。一見、東京らしいさまざまな要素が混じり合った、どこにでもありそうな風景だ。でも、私には違って見える。思いを縄文、弥生へと馳せているからだ。例えば縄文の一人の男を想像する。私が縄文時代の風景を目にすることがかなわないように、縄文の男は、たった今私が見ている風景を見ることはできない。でも、もしも見ることができたとしたら、彼は何を思うのだろうか。何を感じるのだろうか。想像する。同じ場所を、同じ場所だと認識できるのだろうか。

それでも、ふたつの水の流れはきっと変わらない。縄文時代も似たような速度をもって流れていたはずだ。水の意思はどれほど時間を経ようが、途切れず変わることはない。あたり前すぎるそのことに、新たな発見のように気づいた。

〈解説〉宅地化に追いつかなかった河川改修

今尾　恵介

地下鉄丸ノ内線に乗っていると、たまに「中野富士見町行き」の電車が来る。しかしこの駅は池袋から荻窪までの本線上にはなく、新宿から西へふたつ進んだ中野坂上駅で分岐する「方南町支線」にある車庫へ入るための列車なのだが、その敷地の立地がおもしろい。昭和三一（一九五六）年修正の地形図では広大な田んぼであった。場所は神田川と善福寺川が合流する地点の南側で、それだけに古くから頻繁に洪水に見舞われていた地域である。

小林紀晴さんが学生時代、神田川の氾濫のために級友が欠席したというエピソードは、人口急増の圧力で急速に進む宅地化のスピードに、河川改修がとても追いつかなかったことを実感させてくれる。この地形図によれば、ここから神田川を少し上流側へ遡ればまだ田んぼの中を蛇行しており、垂直の壁を築いて自然河川を「カミソリ擁壁化」で排水溝に変身させる工事がちょうどこの頃にどんどん進められていた証拠だ。

さて、駅名になった富士見町は今はなき地名であるが、文字通り「富士山を遠望する高台」にちなむもので、このエリアが東京市に編入される前年の昭和六（一九三一）年に雑色《ぞうしき》の一部を改称して誕生した比較的新しい地名だ。編入直前の住所は「豊多摩郡中野町《なかのまち》富士見町《ふじみちょう》」であった。ここの高台には現在の歌舞伎町にあった東京府立第五高等女学校が移転して来たが、戦後に新制高校として発足し、昭和二五（一九五〇）年に富士見町の地名から都立富士高等学校と命名されている。ところがその町名も昭和四二（一九六七）年の住居表示で弥生町という新町名に統廃合され、すでに半世紀が経った。

この一帯は標高三八メートル程度の武蔵野《むさしの》面の台地を神田川と善福寺川が侵食したところで、その谷に土砂が堆積して標高三〇メートルほどの沖積面を形成している。侵食を受けた崖はかなりの標高差で、車庫のすぐ脇を流れる神田川の西の崖上には早くに集合住宅ができ、現在はこれが高層化されてさらに「聳《そび》え感」を増している。

第二章　地下に現れた「神殿」と「測量の人」

善福寺川

前章では神田川との合流地点を訪ねた。そこは中野区と杉並区の区界でもあって先端の三角形の部分と向田遺跡は中野区になる。ちなみに善福寺川はギリギリ杉並区だけで完結する川だと気がつく。全長一〇・五キロの長さをもった区内だけを流れる川だったのだ。

その善福寺川を遡ってみることにする。杉並区を斜めに横断しているが、蛇行しているのが特徴だ。もっとも大きく蛇行するのは成田あたり。気になってそのあたりの一九五五〜六〇年の地図（「東京時層地図　高度成長前夜」参照）を見てみると、川沿いのかなりの部分が田んぼだったことがわかるが、七〇年代の地図では田んぼはほとんど見当たらなくなり、かなり細い線として描かれている。この頃までにコンクリートで固められたのだろう。高度成長期、東京の急激な人口増加にともなって、このあたりの宅地化が進んでいったことと関係があるのは明らかだ。それでも数箇所、田んぼの記号が残っているから逆に驚きもする。

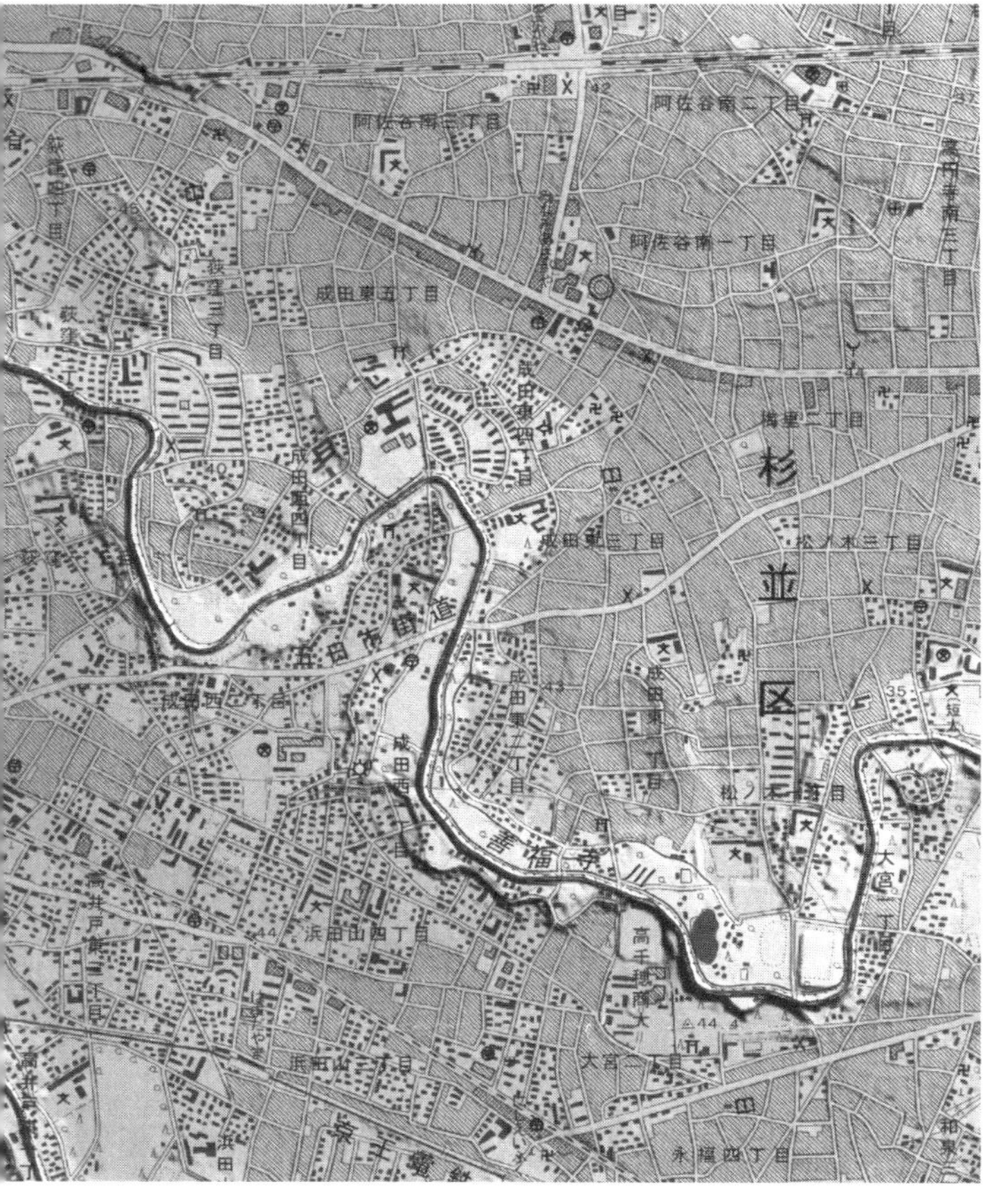

武蔵野台地を削りつつ蛇行する善福寺川。左上端は荻窪駅、中央上端が阿佐ヶ谷駅、左下に京王井の頭線の浜田山駅が見える。
1:25,000デジタル標高地形図「東京都区部」

合流地点から上流に向かって歩く。いくつもの調節池が目につく。かなり古いものから、最新の巨大なものまである。小さなものだと済美橋《せいび》のたもとの公園の一角にあるもので、二五メートルプールの半分にも満たない程度。周りを柵で囲まれている。どこにも調節池だとは表示されていないが、水を取り入れる穴があるから間違いないだろう。傷み具合から相当に古いものだと思われる。多くの人にとっては、何であるかわからないはずだし、そもそも気にもとめないだろう。

ほかには軟式野球のグラウンドが二面取れるもの、テニスコートになっているものなどが善福寺川緑地に点在している（どちらも増水時には、グラウンドやコートに直接水が入ってくることになる）。

そのなかで桁違いに規模が大きい存在が善福寺川取水施設だ。こちらも一般的にはほとんど知られていないだろう。地下にあるからだ。環七通りの地下三四～四三メートルの深さに直径一二・五メートルのトンネルが四・五キロにわたって掘られていて、驚くことに神田川、善福寺川、さらに北の妙正寺川《みょうしょうじ》が地下でひとつに繋《つな》がっている。

前章で神田川と善福寺川の合流地点のことについて記したが、この事実を知ると、古代人に思いを馳せている場合ではないという気持ちにもなってくる。この施設の規模の大きさは、完

全に想像を超えている。そもそも川という定義が揺らぐ。増水時にこの地下トンネルに水を逃がし、平常時にせっせとポンプで汲《く》み上げて川へ戻すのだ。その行ないについてつくづく考えてみれば神田川と善福寺川も、もはや川とは呼べない気がしてくる。いずれにしても、これほどの装置がないと都市が生活の場として機能できないことを実感させられる。

果たして、縄文人はこのことを理解してくれるだろうか。いや、難しいだろう。このことを想像していた縄文人は絶対にいなかったはずだ。確信できる。

テラスハウスと金属の壁

かつて善福寺川沿いには「阿佐ヶ谷住宅」という集合住宅が存在した。テラスハウスと四階建て程度の低層の集合住宅からなる住宅地で、モダンな建築として建設当初から有名だったようだ。平成になってからテラスハウスがレトロという認識に変わり、違う意味で再び注目を浴びた。

昭和二五（一九五〇）年発行の地図で阿佐ヶ谷住宅あたりを注意深く見てみれば、かなり大きな田園だったことがわかる。つまり、田んぼだった土地が、そっくり住宅地になったのだ。今は巨大なマンションに生まれ変わっている。

桜の季節に私は川岸に立ち、それほど昔ではない時代に思いを馳せるが、田園風景を想像するのはたやすいことではない。田植えや稲刈りをしている人の姿は遠い。その頃の風景を知っている人が現在いるのだろうか。冷静に考えてみれば六〇年ほど前のことなのだから、いないことはないだろう。実際に田植えをしていたおじいさんがひょっこり現れても不思議ではない。いや、確実にすれ違っているはずだ。

数年前、かつて野球場だった場所が金属の壁で囲まれていた。案内板が壁にはられていて、それによると向こう側では巨大な穴が掘られているようだ。深さは二七メートル、直径六〇メートルのまん丸の穴。新たに調節池がつくられていることを知った。三万五〇〇〇立方メートルの水が溜《た》められるという。完成すると何ごともなかったようにフタがされて、広場になるらしい。東京都の施設だ。

こんな施設を眼前にすると、やはり水は意思を持っていると思わずにはいられない。水の流れは遠い記憶を忘れることがない。かつて田んぼが広がっていた時代、台風のたびに田んぼは水浸しになってしまっただろう。その代わり高台の家々は被害を免れたはずだ。今は、その水が逃れる道を失った。だから、桜の花の下で、人知れず深い穴が掘られている。

そんなことを考えていると、私はどうしてもこの穴の中へ入ってみたくなった。

光が届かない地下の「神殿」

東京都にお願いして、施設が完成（二〇一六年八月三一日）したタイミングで中へ入る許可をいただいた（二〇一六年一〇月七日）。

実際に中に入る前に、東京都建設局の方にお話を伺った。それによると平成一七（二〇〇五）年九月に起きた水害で善福寺川、さらには合流地点の神田川沿いなど多くの場所で浸水被害が出た。その被害を少しでも抑えるために東京都がこの施設を建設することになったという。

通常、水害対策は川を広くする、あるいは深くするという方法がとられることが多いのだが、時間がかかりすぎるという。広くする場合には当然土地買収などの問題もあって、都市部ではより難しい。いずれにしても時間がかかりすぎる。それに対し、池を掘る方が時間的にはかなり早い。この地点に建設された理由は善福寺川緑地が都立で、土地買収などの必要がないからだ。ちなみに調節池から上流の水位を下げることはできず、下流の水位を下げることしかできない。

調節池に川の水が溜まる原理は至って簡単だ。川の水位がある一定の高さを超えると、長さ約八〇メートルある取水堰《しゅすいぜき》の越流堤を越えて川の水が入り、導水路を通って調節池に流れ込む。

これは「自然越流方式」と呼ばれている。

三万五〇〇〇立方メートルとはどのくらいの水の量か。ピンとこない。訊《たず》ねると二五メートルプール一〇〇杯分にあたるという。

取り込んだ水をどうやって外に出すのか。単純な疑問が湧いた。

「ポンプによって排水します。ポンプは半日でなかの水をすべて空にする能力があります」

嵐が来たらほんの数時間で池はいっぱいになってしまうのだろう。きっと土砂もゴミも、あるいは魚も一緒くたに流れ込んでくるはずだ。

「底に土砂は溜まらないのですか？」

「溜まります。ただ、どれくらいの土砂がどのくらいの頻度で溜まるかは、実際に使ってみないとわかりません」

それらもポンプによって外へ出すという。

小さな入り口から階段を使って、地下へ下りる。当然ながらエレベーターなどない。最後は階段の先に厚い扉があって、その向こうが調節池だった。平常時はこの扉は閉じられる。

コンクリートの底に立つと、意外なことにかなり暗かった。一角だけ頭上に天窓があって、そこから微かに光が漏れているだけだ。その真下に巨大なポンプが置かれていた。聞けば調節池内に照明設備はないという。

　ここは地上から二三・五メートル。床から天井までの高さは一八メートル。五二本の太い柱によって支えられている。完全に円形だ。床のコンクリートの厚さは三・五メートルあるという。それだけの厚さが必要な理由は地下水が下から押し上げてこないためだという。ちなみに天井部分のコンクリートの厚さは二・五メートル。さらにその上に盛り土が三メートルの厚さである。地上部分を公園として使うためだ。

　天窓のすぐ横に誘導渠《ゆうどうきょ》というものがあった。滑り台のような水路で、越流堤を越えた川の水はここを伝うかたちで池に入っていく。単純にこれがなければ水と土砂が滝のように落ちてしまい、池本体を傷めてしまうからだ。

　私は調節池の一番奥へ向かった。光がほとんど届かない。床が濡《ぬ》れているのは、越流堤の下から一度だけ川の水が流れ込んだからだという。まだ越流堤を越えるほどの増水は一度もない。三脚を立て、明かりの方向にカメラを据えた。単体の露出計で露出を測ってみる。驚いたことに露光時間は八分必要だった。慎重にフィルムを詰め、シャッターをバルブに切り替え、レリーズによりシャッターを切る。

　八分間、カメラの横で露出が終わるのを待つ。目が次第に慣れていく。それでも手元は見え

ない。ずっと、明るい方向を見つめていると、不思議な感覚に襲われた。ふと、神聖な神殿にいるような気持ちになってきた。柱が回廊のように映ったからかもしれない。

だとしたら、あの正面に唯一、太陽の光を浴びている、半日ですべての水を吐き出す能力を備えているポンプは神か。私はまた縄文人のことを考えてみる。彼らにもそう見えるだろうか。

「測量の人？」

善福寺川は湧水を源としている。東京の西側を流れる妙正寺川、神田川も同様だ。それには、もちろん訳がある。東京の西側は多摩川によって形成された巨大な扇状地であることと深く関係があり、どの源も扇状地の中程から地下水が湧き出し、地表に顔を出した地点となる。東京に暮らす多くの者は普段そのことを意識することはほとんどないだろう。

だから、川の長さは短い。神田川に吸収される善福寺川が一〇・五キロほどしかないのはそれゆえだ。新宿区下落合の先（高田馬場分水路完成後は豊島区高田）で井の頭恩賜公園を源とする神田川と合流し終焉《しゅうえん》を迎える、全長九・七キロの妙正寺川にも同様なことがいえる。

善福寺川の源は善福寺池。ボコボコと地下水が湧き出ている地点を写真に撮りたいと思って訪れたが、残念ながら見つからなかった。かわりに遅野井の滝と呼ばれる滝があった。ただ現

在は涸《か》れていて、ポンプで地下水を汲み上げている見せかけのものだ（井の頭恩賜公園には徳川家康がお茶の水を汲んだといわれる湧水があり、ここもまた現在ポンプで汲み上げている）。

少し離れたところに池から流れ出している細い小川を見つけた。小さな橋の上に三脚を立てて、カメラを取り出す。撮影の準備をしていると、背後から声をかけられた。振り向くと、散歩の途中らしい初老の男性が立っていた。

「何してるの？」

「川の写真、撮ってます」

「区の人？　頼まれて？」

「いえ……好きで撮ってます」

似たような会話は、ほかの場所でも何度も

交わしたことがあるので、慣れっこになっている。今どきこんな大型カメラが珍しいからだろう。カメラと思われないこともある。「測量ですか?」と勘違いされ、その連想から「区とか、市役所の人?」という発想になるようだ。

「写真撮るのはいいことだよ」

男性は妙に嬉《うれ》しそうだ。

「この小川、もう少ししたら、なくなるから」

「えっ、どうしてですか?」

「フタされちゃって、見えなくなっちゃうんだよ。残念だよ」

暗渠化されるということだろうか。聞き返そうとすると、男性はすでに歩き出していた。

原寺分橋《はらてらぶ》から約二五メートル下流に向かって行ったところに、「原寺分橋下の湧水」が存在する。コンクリートで囲まれたほかとなんら代わり映えのしない川のなかにあって、そこだけ縄文時代の竪穴式住居の柱の跡を連想させるように円形に穴が点在し、中心から微かに水が湧いている。

〈解説〉激動の昭和戦前史を思う

今尾　恵介

神田川の支流である善福寺川は、杉並区北西端の湧水の池である善福寺池を主な源流とし、青梅《おうめ》街道に沿ってその南側を南東へ向かって流れている。この街道はほぼ平坦な武蔵野台地の中でも他の主要街道と同様に「尾根」にあたる部分を通っており、その北側には桃園《ももぞの》川の浅い谷が、南側の善福寺川の谷と対称的な位置をやはり東流している。

武蔵野台地が古《こ》多摩川の扇状地だった頃の流れの痕跡を辿《たど》る「名残川」だからであろう、北を上にした地図だとこの一帯は川も青梅街道も西北西から東南東へ「斜め」に走っているため、ほぼ東西に一直線に走る中央線の線路は荻窪の東側で青梅街道と立体交差し、善福寺川の谷を荻窪〜西荻窪間で跨《また》いでいる。荻窪駅から真南へ進めば川の少し手前の閑静な住宅地の中に近衛文麿《このえふみまろ》首相の旧邸「荻外荘《てきがいそう》」（国史跡）が流れを俯瞰《ふかん》する位置に建っており、激動の昭和戦前史を思い起こす場所となっている。

善福寺川には特に上流側に橋が非常に多いが、どのくらい架かっているのか試しに善福寺池から数えてみたら、川が蛇行を始める手前の環八通りのあたりですでに三〇を超えたので面倒になったほどだ。標高は善福寺池の水面が四七メートルで、周囲の台地との高度差は数メートルでざっと五三メートル。中央線をくぐるあたりで川が四二メートルに対して周囲が五〇メートル前後と少し差が出てくる。ただしその先の標高差はそれほど広がることもなく、この川がもっとも南へ迂回《うかい》する和田堀公園では川が三五メートルに対して高千穂大学のある南側の崖上が四四メートル程度だ。ただしここの右岸（南岸）は川の流れがぶつかって激しく侵食した「攻撃斜面」なのでその急崖はなかなか印象的である。

ちなみに和田堀公園という名称は、東京市に編入される以前の和田堀町という自治体名に由来するもので、その町の名も和田・堀之内・和泉・永福寺の四か村が合併した際に冒頭二村の頭文字が合成された（当初は和田堀内村）。神田川に合流する少し手前、かつての田んぼには吹奏楽の全国大会の会場であり若い管打楽器奏者の憧れの地として知られた普門館がある。残念ながら間もなく解体されるという。

第三章　幻の土手とのどかな風景

神田川を東中野付近から下流へ

　ＪＲ東中野駅、新宿寄りの小さな改札口を出て北に向かう。小さな商店街を通り抜ける。ときどき、新宿の高層ビル群が覗く。商店街から少し右手に逸《そ》れてしばらく行くと、足元がかなりの下り坂となる。見晴らしがいい。その坂をくだる。これまで歩いて来た商店街が高台の上になる。

　私は立ち止まり地図を取り出す。それは巨大で、開くと両手を広げるほどの大きさになる。日本地図センターという財団が国土地理院の承認を得て作成したという二万五〇〇〇分の一のデジタル標高地形図。その名の通り、標高差が影と色分けにより立体的に描かれていて、一目瞭然で東京の凸凹《でこぼこ》がわかる。この地図を手に入れたのが、そもそも地形散歩の始まりといってもいい。この地図のなかで気になる地点を、とにかく端から訪ねて写真を撮ってみようと思ったのだ。

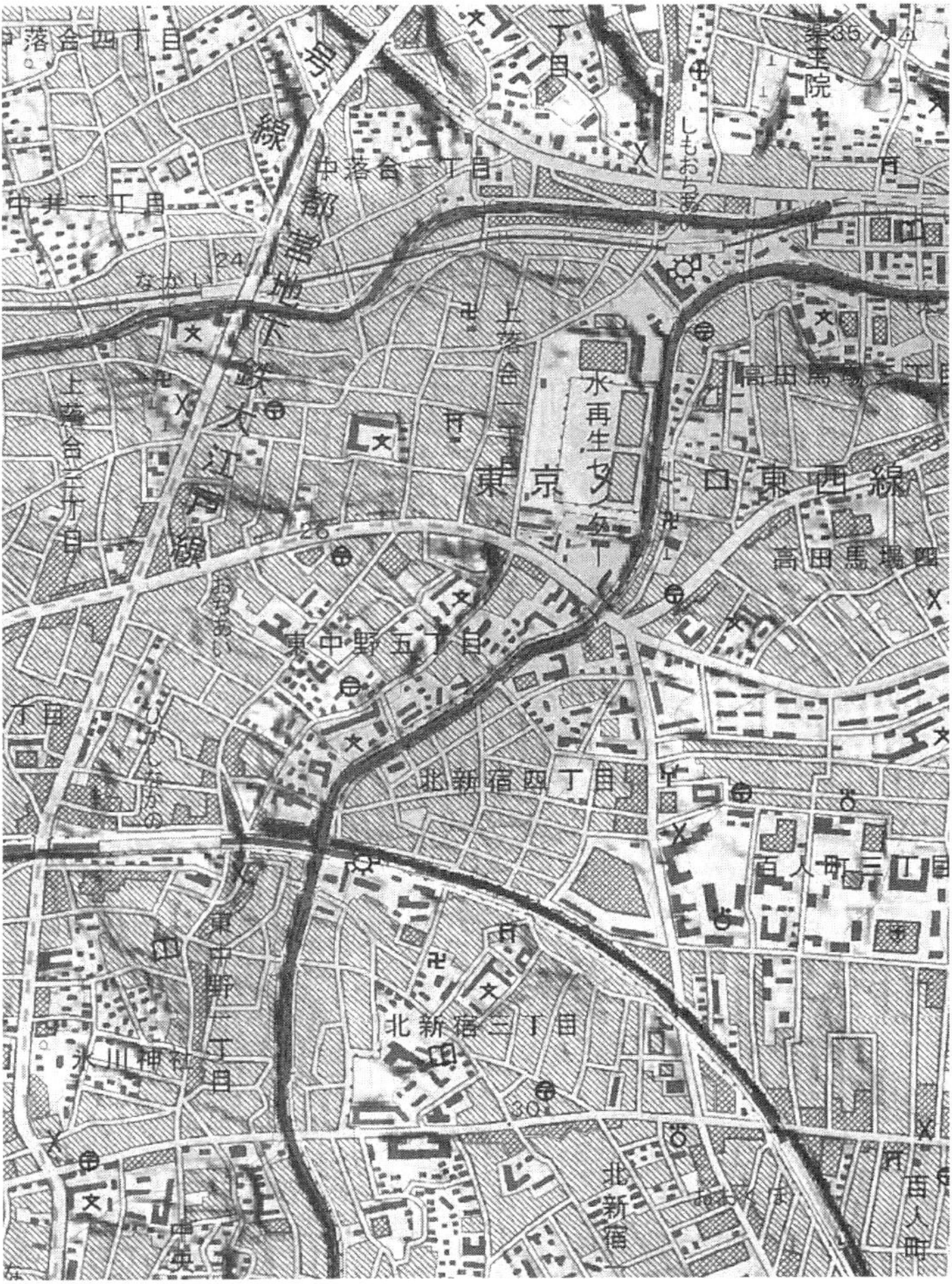

北流する神田川と東中野駅周辺。駅の東側は川に向かう急斜面が続いている。右上は妙正寺川との旧合流点の下落合。
1:25,000デジタル標高地形図「東京都区部」

見ていて飽きない。影になっているのは北東側。ということは南西から日が当たっていることになる。長い間ずっと平らだと思い込んでいた東京が、かなり凸凹でその多くは河川と海、つまり水の力によってかたちづくられていたことをこの地図で知って、俄然《がぜん》、写欲が湧いてきたのだ。

住民に愛された小さな神社

北に向かって歩く。進行方向左側（西）は急な斜面。住宅が延々と続いている。壁のような箇所もある。そこには櫛《くし》状に何本も階段があって、その上の高台は住宅地になっているようだ。なぜ、こんな地形をしているのか。神田川の流れと深く関係していることは、地図を見れば一目瞭然だ。川の流れはこの付近で右（東）へ方向を変えるため、北へ直進しようとする力が台地をえぐる。崖の曲線と現在の川の流れはほぼ同じだ。ということは、川がこの地点で方向を変えることにより、流れの外側の土地が削られたことになる。

私は急な階段のひとつ、区立中野東中学校の前にあったそれを上がってみる。上から下を望めば、かなりの落差だ。中学校の校舎が眼下に立ちはだかっている。それが、ふとダムのようにも見えてくる。この高台の上は小滝台と呼ばれているようで、いくつかのマンション名にそ

の文字を見つけた。

さらに進むとかなりの急坂が現れた。左に小学校。すでに廃校になっている旧東中野小学校だ。その脇の坂道は切り通しになっている。明らかに人の手によって削られたものだろう。あるいは、小さな川の流れがあったのかもしれない。両側はコンクリートの壁。坂の下に二階建ての住宅がある。このあたりの明治時代の地図を見ると多くは田んぼだったことがわかる。

さらに川沿いに進むと、小さな神社が現れた。ちょうど、旧小学校の塀の下あたりだ。家と家のあいだ、崖の中腹に引っかかるようにある。鳥居には瀧山稲荷社と書かれている。

おそるおそるその階段を上ってみる。下から見たときより意外と奥行きがあり、階段は二段になっている。かなり年季の入った赤い社。鳥居の横になぜか狛犬《こまいぬ》が、それぞれ二体。いや狛犬ではなく、明らかに狐《きつね》だろう。計四体。それぞれの入り口側のものは、相当に古いのか、かなり原形をとどめていない。

どれほど古いものかはわからないが、明治終わりの地図には記されていた。ここは湿地ではなかった場所だ。川沿いの神社やお寺がかならずというほど水の流れより高い位置にあることを、この後、いろんな場所で知ることとなった。

さらにあたりをよく見てみると左側に祠《ほこら》のようなものがあった。斜面の奥、高い位置に石灯《いしどう》

籠《ろう》が目に入る。斜面はさらに奥へ続いている。かつての、このあたりの地形が連想できる。案外、崖のような急斜面ではなかったのかもしれない。

江戸時代、きっとこのあたりは緑に囲まれた、のどかな斜面だったのだろうか。その中腹にあった神社。目の前はきっと田んぼだったはずだ。そんなことを考えていると、ここが時空の割れ目で、そこに迷い込んだような気持ちになる。両側から「今」が押し寄せて、押しつぶされそうなほどに身動きがとれなくなっている。

気になって、一ヶ月後にまた足を運んでみた。真ん中の手すりに赤い幟《のぼり》がいくつも立っていて驚いた。こうして、地域で愛されている証拠だ。お正月を迎えるからだろう。きっと、古くからの住民が今も残っていて、その方たちの手によって幟は立てられたはずだ。

寂しそうな神田川、堂々とした神田川

神田川をくだる。落合水再生センターの脇を通り過ぎると、妙正寺川との合流地点が地名の由来となっている落合に出るのだが、現在、ここで落ち合ってはいない。

妙正寺川という恋人に会えぬまま高田馬場を神田川は通過する。妙正寺川が哀しみの河川としたら、このあたりの神田川は本来結合するはずだった恋人に肩透かしを食って、一人寂しく

とぼとぼと歩いているように映る。孤独だ。高田馬場駅の北側を流れているのだが、山手線、西武線の高架下あたりは、川幅がかなり狭く、渓流のごとくである。この地点は一見の価値あり。

勝手にそんな思いを抱いてしまったからか、妙正寺川との合流地点は、とてもいい気が流れているように映る。明るく、広々としている。開放的で、空も広い。ここからの神田川が妙に堂々として見えるのは、水を得た魚のごとく水量を増やし、川幅が広いからでもある。

おまけに、すぐ近くに都電も走っている。あれ、こんなところ走っていたっけ?と、その唐突さにちょっと驚くのだけど。

春先、都電に乗って、この近くの駅で降りて缶ビールを片手に川の土手で花見なんてできたら最高だろうなと思う。タンポポも咲いていたりして。その近くにゴザを敷いて、おにぎりが川に転がり落ちないように気をつけなくてはなんて頭が勝手に考え出すのだが、当然ながら、土手なんてない。コンクリートの護岸だけ。それでも、きっと昔はそんな風景があたり前にあったはずだと思ったところで、そもそもふたつの川がこの地点で合流していたわけではないことに気がつき、すべてが幻の風景だと知る。それでもここでふたつの川は見事にひとつになれたのだから、めでたいということだろう。

〈解説〉ヨドバシカメラの起源

今尾　恵介

青梅街道が神田川を渡る地点に架けられたのが淀橋《よどばし》で、かつては淀橋町《よどばしまち》という自治体名であり、東京市域に入ってからは淀橋区となった。そのためこの地に店を開いたヨドバシカメラの名は全国区になったが、地名そのものは消滅している。橋は現在で何代目かわからないが、七車線ほどの広さの路上を朝から晩までおびただしい自動車が忙しく往来していて、橋であることを感じさせない。

このあたりから神田川の流れは北上するが、淀橋と中央線との中間地点あたりの大久保通りが交差する南側で西から神田川に合流していたのが桃園川だ。広く浅い谷をちょろちょろと流れる小川であったが、今では一〇〇パーセント暗渠。かつての源流は意外に遠く、荻窪駅の北側の天沼八幡《あまぬまはちまん》神社の弁天池付近まで遡る。

中央線が神田川を渡る西側に位置するのが東中野駅。明治三九（一九〇六）年の開業時は南側の地名をとって柏木駅と称した。柏木という由緒ある町名も「北新宿」に変わって今はない。大正六（一九一七）年に現駅名に改めた東中野駅は台地から沖積地への斜面に位置しているため、神田川の脇の道が標高約二一メートルなのに対して、ホーム東端に近い東口はレールと地面がほぼ同じ高さの約二九メートル。さらに駅の西口は三五メートルと川からの高度差はなかなか大きいので、ここから西側の線路はしばらく切り通しを進む。

　中央線が渡る神田川の下流左岸の南東斜面には、かつて花卉《かき》栽培園と植物園を兼ねたような華洲園という広大な施設があった。旧版図で見る限り日当たりが良さそうである。園は二万分の一地形図にも明記されるほどのまとまった大きさだが、一帯は昭和四一（一九六六）年までは小滝町《おたきちょう》と称した。従前の字名を継承したものであったが、今ではおおむね東中野五丁目に変わってしまったので素っ気ない。現在では中野区の最東端に位置する小滝橋（停留所）の名に残る程度となった。華洲園も今では戸建てとマンションが建ち並ぶ一角に姿を変えたが、華洲園の名を冠したマンションがある。

第四章　暗渠の魅力と洪水対策のグラウンド

妙正寺川①

西武新宿線の下落合駅を降り、北にまっすぐ歩くと橋が現れる。当然ながら下には川が流れている。妙正寺川だ。私は橋の手前で立ち止まる。

はじめてこの駅に降り立ったのはいつのことだったか。一〇年以上前だが、急にそれまでとは空気が変わって感じられたのを思い出す。ここは新宿区だが、もっと郊外の、あるいはもっと地方の駅に降り立ったような懐かしい気分に陥った。同時に凪《なぎ》という言葉を連想した。なぜだろうか。駅前にほとんど人通りがなく、さらに駅を降りて、妙正寺川を渡ったあたりに鬱蒼とした緑に包まれた古い家があったからだ。その風景が好きだった。

久しぶりに下落合駅に降り立った。でも記憶のなかのその家は消えていた。果たして本当にここだったのだろうか。そんな気さえしてくる。それでもやはり凪という言葉を思い出す。

橋を渡り、妙正寺川に沿って東、下流へ向かって歩く。コンクリートに三方を囲まれた水の

神田川と妙正寺川の合流地点に由来するのが落合の地名（現下落合）。現在の妙正寺川は新目白通りの下を東流し、右欄外の高戸橋付近で神田川と合流。1:25,000デジタル標高地形図「東京都区部」

流れがコンクリートの続きのように底を平坦に流れている。

妙正寺川はけっして長い川ではない。いや哀しくなるほど短い。たった九・七キロしかないのだから。神田川に吸収されるかたちで川が突然終焉を迎える。東京に長く住んでいる者でも妙正寺川と聞いてすぐに思い浮かぶ者が少ないのは、こんな理由からだろう。存在感はかなり薄い。

妙正寺川の始まりは杉並区の妙正寺池を源とした湧水。その地点は現在、池があって、噴水がある。私がそこを訪れたのが平日の昼間だということもあっただろうか、人影はほとんどなく、ひっそりとしていて、近所に住む人たちにとっての憩いの場という雰囲気だった。

印象的だったのは、その池から始まったばかりの川の流れがとにかく細かったことだ。当然ながら、両側はコンクリートで護岸された流れだけに、ひどく寂しく映った。これは妙正寺川に限ったことではない。前述したが神田川、善福寺川も同じく源はどれも武蔵野台地の扇状部の湧水から始まっているからだ。日本の多くの川の源が人里離れた地点にあるのに対して、住宅街の真ん中にあるのも特徴だ。

かつて妙正寺川と神田川は落合で合流していたことはすでに記したが、たびたび合流地点で氾濫を起こすため、神田川が強制的に流れを変えさせられたのだ。妙正寺川もこの付近で暗渠

化され、新目白通りの下を直線距離で一二〇〇メートルほど、人知れず闇のなかを流れ続ける。神田川より、より孤独で過酷かもしれない。

存在感の薄い「暴れ川」

短く、存在感が薄く、過酷な道を選ばされてしまった川であるが、氾濫に関してはかなりの暴れん坊だ。身体《からだ》は小さいけど腕白でいたずら坊主というイメージだ。妙正寺太郎とでも呼びたくなる。

私の右手を流れている妙正寺川の川幅はかなり狭い。もちろん、両側はコンクリートで囲まれている。表面がザラザラでかなり年季が入っているのがわかる。私はこんなコンクリートの質感が好きだ。親しみと愛着もある（ちなみにモノクロ写真とコンクリートの相性は抜群で、これまで多くの写真家が撮影してきた）。じっくりと覗き込んでみる。多くの人にはほとんど視界に入っていないのではないか。

上京してきたばかりのときに最初に目にした中野坂上のあの神田川の印象にかなり近い。そのあたりの神田川は近年に、かなり川幅を広くされたが、ここは狭いままだ。

上流には五つほどの雨水を一時的に逃すための調節池がつくられている。たった一〇キロ弱のあいだにそれだけの数が存在するのが異様にも映る。とにかく短いけれど、その点だけは存在感がある。

理想の暗渠を撮るために……

下落合駅から五分ほど妙正寺川に沿って歩くと暗渠となる地点に辿り着く。巨大なコンクリートの入り口で、まるでトンネルのそれみたいだ。その先は闇だ。西武新宿線の踏切に続く道があって、細い橋が架かっているのでこの地点を正面から望むことができる。つまり写真に撮ることができる。

三脚を立て、シノゴのカメラを据える。カメラにはライズという機能があり、建築物を撮るときに多用されるもので、パース（奥行き）がなくなるものだ。例えば、地上から高い建物を撮ろうとすると、どうしても見上げることになり先端の方が細く見えるのだが、ライズ機能を使うとそれがなくなる。ライズ機能は目線より高いものに向かって使うことが圧倒的に多いのだが、川は下を流れているので下に向かってその機能を使う。

トンネルの入り口付近には黒い巨大な暖簾《のれん》のようなものが吊《つ》り下がっている。カーテンのようでもある。どういうわけか恐怖をあたえる。あの先へ万が一間違って流されてしまったら、

二度と出られなくなってしまうのではないか。そんな連想を否応なくさせる力があるからだ。だから余計に惹《ひ》かれるのだ。私はこの場所に、どういうわけかある種の美しさを感じる。ここを秘境だとも思う。なぜなら、誰も興味を持たずに、通り過ぎていくからだ。

私が写真を撮っていると、何か特別なもの、珍しいものでも川面にあるのかと道行く人がときどき覗き込むのだが、何もないことがわかると不思議そうな顔をして通り過ぎていく。橋の上から西武新宿線の電車もすぐそこに見える。ドアのガラス窓の脇に立って、外を見ている人影もまた私の方を不思議そうに眺める。そんな距離だ。でも、私が視界から消えたら、もう関心は次のことに移っているだろう。ここはそんな場所だ。

ここへは撮影のために四回通った。理由はいくつかあるのだが、最大の理由はコンクリートをできるだけ美しく撮りたかったからだ。晴れた日はどうしても、直射日光が当たった部分と影の部分とのコントラストが大きくなってしまう。エモーショナルな写真にはなるのだが……。だから曇りの日を狙ったのだが、一度は橋の真ん中に鉄道工事のトラックが止まっていて、三脚が立てられないという思ってもみない事態が起きて、泣く泣く帰りもした。とにかく四度目にして納得できる一枚が撮れた。そんな思い入れがある場所だ。

河岸段丘の底にグラウンドが広がる

哲学堂のあたりに奇妙な一帯を見つけた。哲学堂は崖の上の高台にあって、その下を妙正寺川が流れている。斜面というより急な崖といった方がしっくりくる。それほど急なのだ。対岸から眺めれば崖は緑で鬱蒼と覆われている。あたかも壁のように映る。実は木々のあいだに歩道が削られていて、高台の上まで歩いて行けるのだが。

上流に向かって右側にその崖が迫っている。対する左側には巨大なマンションが何棟か立ちはだかるように建っている。UR都市機構の建物だ。URの建物の手前には大きな空間が広がっている。テニスの壁打ちスペース、さらに妙に細長く走行の線が描かれたグラウンドだ。案内板には「多目的運動コーナー」と記されている。グラウンドの川側の端には遊歩道が延びている。遊歩道の右の眼下は妙正寺川、同じく左側はグラウンドということになる。どうしてこんなに低い場所にグラウンドなどわざわざつくったのかという疑問が自然と湧く。そう思いながら、グラウンドを観察すれば遊歩道の真下あたりに円柱が何本もあるのが見えた。なぜ、そんなものがあるのか。

妙正寺川側の護岸が見える少し上流の橋の上まで行って、川を覗き込んでみた。思った通りだ。護岸の上部に穴が開いている。新宿区みどり土木部道路課に問い合わせたところ、川の水

が河床から約一・八メートルの高さを超えると調節池に溢《あふ》れ出るとのことだった。グラウンドはやはり巨大な調節池だったのだ。

それにしても、洪水に備えて、わざわざ池を掘ったのか？　もちろん考えられることだ。私はその場で注意深く立体地図を見てみた。そして、池がわざわざ人の手によって掘られたわけではないことを知った。そもそもの地形はほかより一段低く描かれていた。

URの建物が建っている地点は崖の上だ。つまり、そもそもの地形を利用して調節池がつくられている。さらにURの建物の背後、南西の方向へ一二〇メートルほど先に弧を描くように急な斜面が続いている。

地図を注意深く見て、このあたりがひそやかなる河岸段丘だったことをはじめて知る。こんな小規模な河岸段丘があることに驚く。何より思ったのは、目の前の風景を見ている限り、そのことに気がつくことはほぼ不可能だということだ。URの建物を含めたさまざまな建造物がそもそもの地形、風景をあちこちで断絶している。

遠い過去、ここにはどんな風景が広がっていたのだろうか。衝動のように知りたくなる。見たくなる。石器時代、縄文時代などとは言わないけれど、せめて明治の初めとか江戸時代にここからどんなふうに眺められたのか。無性に知りたくなる。そのあとで、私が今、立っている

遊歩道が当時は空中だったということに気がつきもするのだ。

釈迦、ガンジー、キリストが垂らす釣り糸

ここから少し上流には哲学の庭というものが中野区によって整備されている。哲学堂に関係しているからだろう。釈迦像、ガンジー像、キリスト像とその守備範囲は広い。

川の流れからして、北側の哲学堂の崖が川の力によって深く削られたことは容易に想像がつくが、どうして対岸もまた削られたのだろうか。谷ではないのだから、両側がそんなふうに複雑に削られることがあるのだろうか。地図をさらに凝視してみれば、河岸段丘の弧の延長線上をそのまま北に辿るように細い川が存在していることに気がついた。存在感はもちろん妙正寺川よりない。近所に住んでいても、おそらく正確に把握している方はそういないだろう。身近にありながら、生活とはかなり距離があるはずだ。

地図に川の名前は記されていない。ほぼ北から南に向かって流れ、その先は江古田《えごた》の森公園をぐるりと囲むように迂回している。

いずれにしても、この川と妙正寺川との合流地点からURの建物の背後の急斜面が始まっていることは無関係ではないはずだ。この川の力も加わって、そこは大きくえぐられるように削

れたのだろう。

やはり、そう遠くはない昔、ほんの一〇〇年前のこのあたりの風景に立ち会ってみたくなる。河岸段丘のもっとも下、つまり現在グラウンドになっているあたりは、普段ススキ原で簡単に川岸まで近づくことができたはずだ。砂浜のようになっていたのではないか。流れの内側はそうなることが多いからだ。そんな勝手な想像が働く。きっと釣り糸を垂らす人の姿もあったはずだ。泳いでいた魚は何が多かったのだろうか。関東といったら、やはりフナか。

第五章　文豪の暮らしと「気の毒」が募る寺

妙正寺川②

妙正寺川付近はひしひしと魅力的だ。そもそも私はこのあたりには土地勘も馴染《なじ》みもなかったのだけれど、撮影のために何度も訪れているうちに、その魅力に次第にとりつかれていった。理由のひとつはほかの場所にくらべてかなり高低差があるからだ。

坂とか斜面というのはかなり写真に撮りにくいし、写りにくい。正確には描写しにくい。臨場感が出ないともいえる。例えば山の写真などを想像していただくとわかりやすい。かなり急勾配な山道を写真にすると途端に迫力がなくなる。ほとんど平らに見えることさえある。絶壁に近い斜面も同様だ。目が眩《くら》むようなビルの先端に立って、眼下に向かって写真を撮っても、やはり足がすくむ感じというのはなかなか表現できない。写真はすべてを平面に処理してしまうからだろうし、比較できるものが一緒に写っていないと特にそうなりやすい。同じ画面のなかに上に伸びる樹木などがあると、まだ効果的なのだが。だから高低差があるこのあたりは

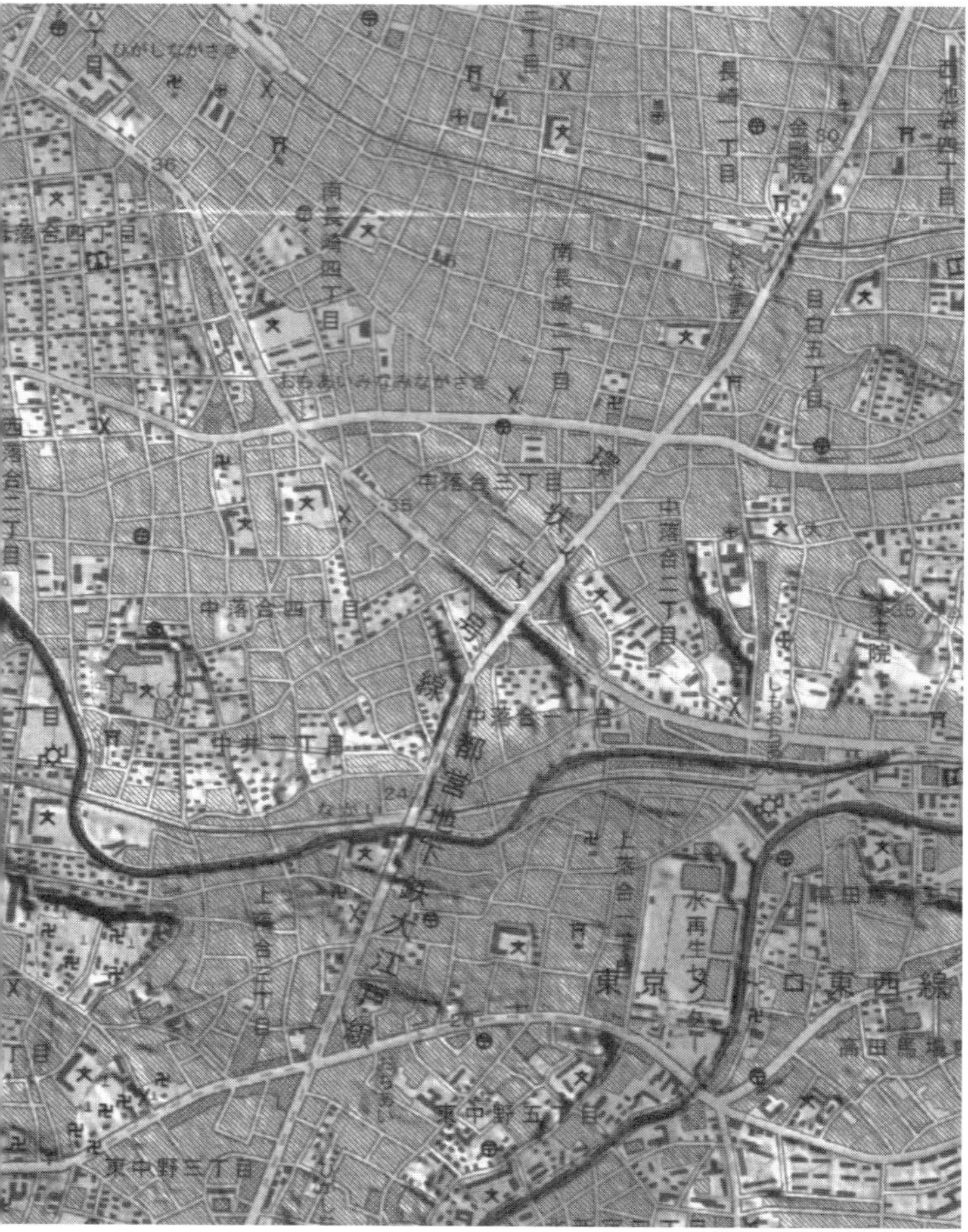

東へ流れる妙正寺川の北側は急斜面の住宅地で、階段が目立つ。川沿いから台地へ上る新目白通りの切り通しが印象的な影を作っている。
1:25,000デジタル標高地形図「東京都区部」

「写真」にしやすいのだ。

文豪が暮らしたふたつの「武蔵野」

西武新宿線の中井駅から徒歩で一〇分ほどの距離、妙正寺川の北側に林芙美子《ふみこ》記念館がある。記念館の入り口は急な階段の上り口あたりにある。ここは、かつて林芙美子が長く暮らした場所として知られている。

広島県の尾道で育った林芙美子は昭和一六（一九四一）年に終《つい》の住処《すみか》として数奇屋造りの家屋を構えた。彼女が家を建てた頃、このあたりは確実に田園ばかりだっただろう。なぜそんなところへ居を構えたのか。

昭和初期に多くの文豪が好んで住んだのは同じ武蔵野であっても、中央線沿いが多い。阿佐ヶ谷文士という言葉があるように、彼らが暮らしたのはどの川からも少し距離のある高台部分で水はけがよく、水害のおそれがあまりない地域だ。

井伏鱒二《ますじ》の『荻窪風土記』を読むと、以下のような文章に出会う。

「私は昭和二年の初夏、牛込鶴巻町《うしごめつるまきちよう》の南越館という下宿屋からこの荻窪に引越して来た。その頃、文学青年たちの間では、電車で渋谷に便利なところとか、または新宿や池袋の郊外など

林芙美子記念館前の階段

に引越して行くことが流行のようになっていた。新宿郊外の中央沿線方面には三流作家が移り、世田谷《せたがや》方面には左翼作家が移り、大森方面には流行作家が移って行く。それが常識だと言う者がいた。関東大震災がきっかけで、東京も広くなっていると思うようになった。ことに中央線は、高円寺、阿佐ヶ谷、西荻窪など、御大典記念として小刻みに駅が出来たので、郊外に市民の散らばって行く速度が出た」

御大典記念とは昭和天皇の即位のことをさすようだ。

中央線沿線には井伏鱒二が移り住んだあとも、多くの小説家や文化人が移り住んだだろうが、西武鉄道沿線を好んで暮らした作家はそう多くはなかったはずだ。林芙美子がここに居を構えたのは昭和一六年だ。林芙美子の邸宅からの最寄り駅である中井駅は、西武鉄道として昭和二(一九二七)年に高田馬場と東村山間が開業した際にできた(隣の下落合駅、新井薬師前駅なども同様だ)。

林邸の入り口は坂の下であるが、屋敷はそこから石段を上った先で、少しだけ高い位置にある。地図でみれば斜面の途中にあたる。妙正寺川の氾濫が起きたとき、溢れた水をギリギリ避けることができたのだろうか。でも建物の足元まで水がやって来たことは十分にあっただろう。ちなみに林芙美子がこの地を選んだのは、一説には尾道に似ているからといわれている。土地が安かったから、という説もある。

お寺が引越しを迫られた理由

立体地図を開いてみる。林芙美子記念館を背にして身体を川に正面に向ける。すると斜め右手の方向に岬のように突き出した場所が目につく。明らかに岬だ。そのあたりにはお寺の印がいくつかある。

思想家で人類学者の中沢新一氏はその著書『アースダイバー』のなかで「岬」という言葉を何度も繰り返し用い、古代から神聖な場所であることが多いと指摘している。上野の西郷隆盛像が立つ地点、神田明神などもその好例である。そして、ここもまたその説にぴたりと重なる。岬は水害を受けることが少ない場所だ。

残念ながら、現在中井の岬は林芙美子邸からは望むことができない。単純に多くの住宅が邪魔をしているからだ。おそらく、林芙美子が暮らしていた頃は見えたに違いない。青草の生えた妙正寺川の土手の向こうに高々と望めただろう。お寺の建物も見えたのではないか。

岬には現在六つの寺がひしめき合うように隣接している。岬のもっとも先端部分にあるのが神足寺《じんそくじ》。その奥に萬昌院功運寺《ばんしょういんこううんじ》がある。萬昌院と功運寺は、もともとは別々のお寺だったのが昭和二三（一九四八）年に合併してひとつになったようだ。それぞれの歴史は古く萬昌院は天正二（一五七四）年、功運寺は慶長三（一五九八）年、神足寺は江戸に入った慶長一二（一六〇七）年の創建だ。

林芙美子は萬昌院功運寺に眠っている。墓石の文字は川端康成による。意外なことに忠臣蔵で有名な吉良《きら》上野介《こうずけのすけ》のお墓も同じく萬昌院功運寺にあった。なぜ?と思わずにはいられない。忠臣蔵の時代、ここは城外もいいところで武蔵野の寒村だったはずだからだ。どういう関係が……と首をかしげた。ちなみに萬昌院は、もともとは江戸城半蔵門にあったが牛込に移転し、さらにこの地へ移った。おそらくお寺と一緒にお墓も移って来たのだろう。ちなみに神足寺は明治時代、萬昌院と功運寺は大正時代にこの地へやって来た。

移転した理由を調べてみると、ここ一帯のお寺はすべて明治の終わりから大正一一（一九二二）年のあいだにこの地へやって来たことがわかった。当初、関東大震災と何かしらの因果関係がある気がした。つまり、焼け出されて、場合によっては檀家《だんか》の方たちと一緒に移って来たのではないかと想像したのだ。しかし、すぐに誤りだとわかった。関東大震災は大正一二年で、どのお寺もその前にすでに移転していたからだ。

さらに調べてみると、真相は明治政府による地租改正にまつわる「社寺領上知令」だった。

新政府はその法令によって強制的にお寺を官有地化していったのだ。なぜ、そんな強引なことができたのか。そもそも江戸時代、お寺は国有地（徳川幕府の領地）であると考えられていたからだ。言われてみればなるほどと思うのだが、影響をもろに受けたのが大名の菩提寺《ぼだいじ》だった。つまり大名屋敷が明け渡されていった過程に似ているのだ。

しかし、突然出て行けと迫られても、江戸の町に他に広い候補地があるわけがない。そこで当時ただの寒村にすぎなかった現在の中野区、杉並区、豊島区などへ多くのお寺が移転することになったのだ。吉良上野介のお墓がここに存在するというのも、そんな時代の変遷に重なる。

気の毒な吉良上野介

忠臣蔵といえば、浅野内匠頭《たくみのかみ》と赤穂《あこう》浪士四十七士のお墓がある泉岳寺（港区）のことばかりが頭に浮かぶ。正直なところ、吉良上野介のお墓がどこにあるのかなどと考えてみたこともなかった。試しにパソコンの検索で「忠臣蔵　お墓」と打ち込んでみても泉岳寺ばかりがヒットする。

ネットで調べてみれば、萬昌院功運寺の吉良上野介の墓の脇には吉良家忠臣供養塔と吉良邸討死忠臣墓誌なるものもあって、かなり興味をそそられた。赤穂浪士の忠臣だけが忠臣と考えてしまいがちだが、ここにも吉良上野介への忠義の末に命を落とした者たちがいたという事実にはっとさせられる。

お寺のホームページには「忠臣蔵では浅野内匠頭長矩《ながのり》に理不尽な仕打ちをした人物とされていますが、実際は善政をおこなって人びとから慕われた名君でした」とある。忠臣蔵（考えてみれば、あれは史実をもとにした創作なのだ）では完全に悪役にされてしまい、後世までそんなふうに語られ続けているのは、かなり気の毒なことだ。

そんなこともあって、私は討ち入りの当日に、実際に萬昌院功運寺を訪ねてみた。門の前に警備員が立っていて、自由に入ることはできなかった。お墓を見学したい旨を伝えると、記名すれば誰でも入れるとのことだった。記名して境内に入った。お寺の建物の脇をすぎ墓地に入ると、日差しがお寺に遮られたからか、あたりが急に暗くなった。無数に並んだ墓標が眼前に広がった。どれも静かに眠っているかのようだった。

その先には以前撮影したことのあるマンションが立ちはだかっていた。白い壁が西日を浴びて眩《まぶ》しい。マンションは坂の下に建っているから、今、目の高さに見えているのは上階のはずだ。それが墓標越しに見えている。現世とあの世を同時に見ているような気分になった。

林芙美子のお墓はすぐに見つかった。メインの通路沿いにあったからだ。さらに奥へ進み、

途中で右に折れた。お線香の煙の匂いが鼻をついた。そこが吉良上野介のお墓だった。中央にお墓があり、右側に吉良家忠臣供養塔があり、左端に討ち入りで殉職した家臣たちの名が刻まれた吉良邸討死忠臣墓誌があった。私以外には誰もいなかった。私は目をつぶり、手を合わせた。

帰りがけに警備員に「やっぱり、今日は人が多いんですか?」とおそるおそる訊ねてみた。すると「今日は討ち入りですから。団体で来られた方たちもいました」という答えが返ってきた。

確かにさっきもお線香が焚《た》かれていたのだから、ほんの少し前に誰かが墓前を訪ねたことは明らかだ。果たして、どんな方なのだろうか、吉良家や家臣の子孫だろうか、あるいは赤穂浪士の子孫ということもありえるだろうか……。

〈解説〉 結核療養の歴史

今尾　恵介

西武新宿線の井荻駅から南へ一キロ弱の妙正寺池を源流とする妙正寺川は、西武新宿線のおおむね南側を緩く蛇行しながら東流する。実はこの池よりさらに上流側にはかつて「井草川」と呼ばれた小川が台地上を流れており、今は緑道となっているこの流れを辿って行けば、その源流とされる切通し公園（上井草四丁目）に辿り着く。ここは南側を並行して流れる善福寺川の源流・善福寺池と七〇〇メートルほどしか離れていない。この源流もかつては湧水があったようだ。どちらも武蔵野台地上の似た標高の場所から水が湧いていることを考えれば、地下水層の関係など地質的に似た構造なのだろう。

西武新宿線のおおむね南側を流れている妙正寺川が線路の北側へ大きく迂回するのが哲学堂公園のあたりで、そのカーブの内側（南側）には半島的な台地が目立つ。昔の地形図によれば孤立台地をあらわしたのか「片山」という地名になっている。長年の侵食にさらされただけあって高い崖地となっており、川の流れている周りの標高二九メートルに対して、台地上は三八メートルと高い。

この蛇行の北端で合流するのが練馬駅の南側あたりを源流とする江古田《えごた》川で、これも本流と同じように台地を巡るように迂回している部分がある。その台地は周囲の川面からの比高が約一〇メートル。今は「江古田の森公園」などとして使われているが、かつては結核療養所（東京市療養所～国立中野療養所）だった。旧版地形図によればざっと七ヘクタール以上はある大規模な施設で、それだけ結核患者が多かった歴史を物語る。

妙正寺川の終点は西武新宿線の下落合駅付近で、かつてはここで神田川と文字通り落ち合っていたのだが、現在の合流点はここではない。妙正寺川の名前こそ従前通りここが終点だが、しばらくのあいだは「高田馬場分水路」と名前を変えて新目白通りの地下をまっすぐ東流し、山手線の内側へ出て明治通りとの交差地点付近に架かる高戸橋《たかと》（高田と戸塚を結ぶ意）のところでようやく神田川と合流する。都電荒川線（東京さくらトラム）が急カーブを曲がるところだ。

第六章　土地はどのようにして人を受け容れるのか

日暮里崖線

上野──西郷どんを迎え撃った彰義隊

私にとっての最初の東京の記憶は小学校に入学する以前、きっと五歳（一九七三年）のときの上野動物園のものだ。小学六年生のときに修学旅行で東京を訪れる以前に、その一度しか東京に行ったことがないから確かだ。

昭和四七（一九七二）年十月に上野動物園に二頭のパンダが中国からやって来た。私も親も、その珍獣を見たいと強く願ったはずで、約半年後に長野から車で東京へ向かった。まだ中央自動車道は一部しか存在しなかったからだ。

上野動物園でパンダを見た記憶はぼんやりとしている。檻《おり》の前を一瞬だけ通り過ぎるように確かにパンダを見たはずだが、多くは憶えていない。季節は春先で、微かに憶えているのは、西郷隆盛像の前で父が家族写真を撮ったことだ。後者はもしかしたら、その後アルバムのなか

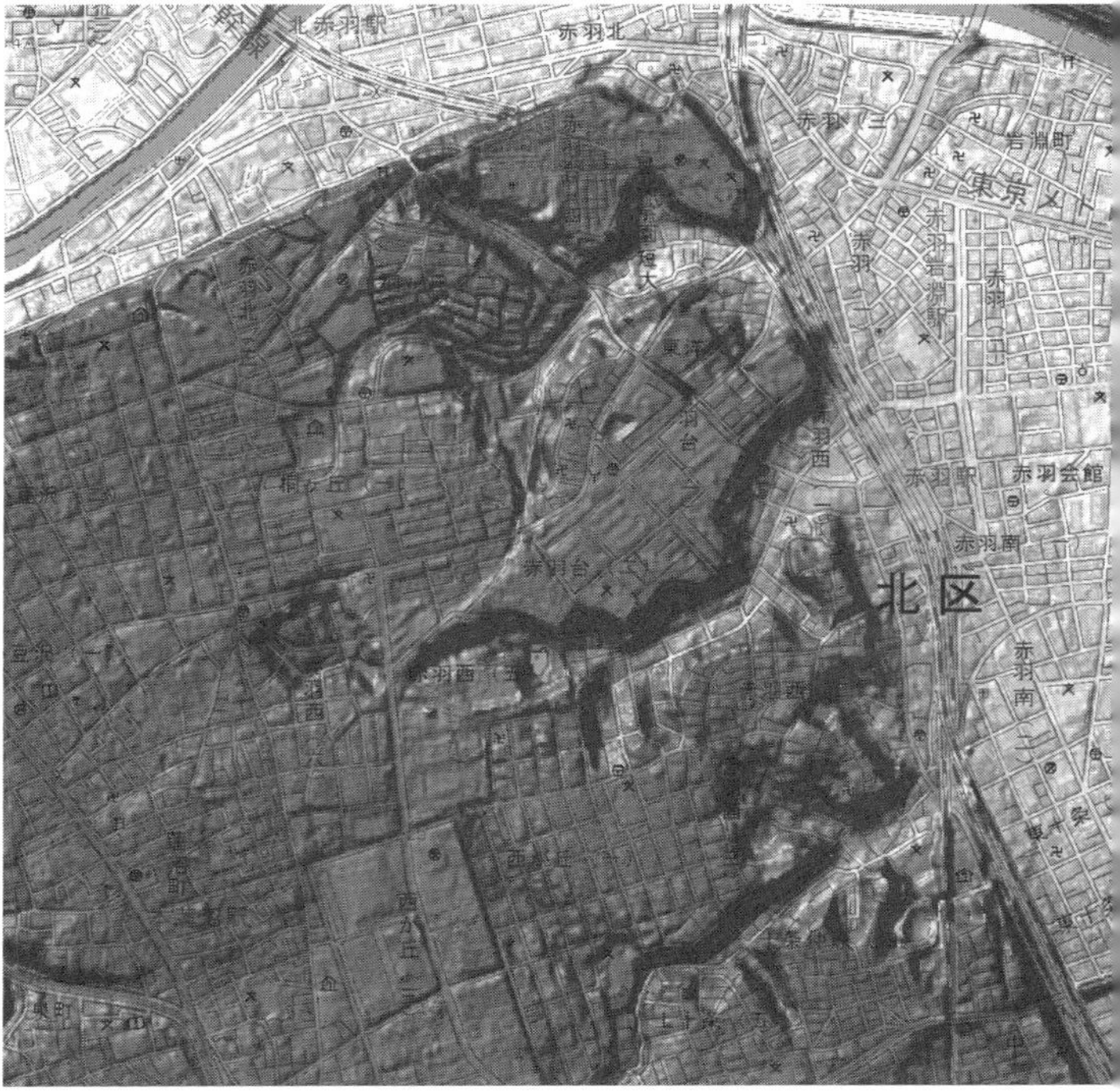

荒川の流れが侵食した北側の断崖と、海食崖の日暮里崖線が出会うのが赤羽付近。東側には深く侵食された3つの谷が奥まで入っている。
地図調製：小林政能（地理院地図・基盤地図情報のデータを利用）

の写真を時折見ることで、記憶が更新されたのかもしれない。

その西郷隆盛像の前に久しぶりに立ってみた。振り返れば街が一望できる。かつてここは岬の先端で、この先は大海原だった。すぐ下を見下ろせば、崖といった方がふさわしい急な斜面になっている。崖はここを起点に北へ延々一〇キロほども続いている。東京でもっとも長い崖である。西郷像に向かって右側がその崖にあたる。なぜ、こんなに崖が長いのか。そもそも崖はなぜ存在しているのか。答えは明快だ。長い年月をかけて海が陸地を削ったからだ。無数の海の波が寄せては返し削り取った日暮里崖線と呼ばれる「海食崖」である。

日暮里崖線は海面の水位が現在より高い時代に生まれた。氷河時代のピークにあたる約一万八〇〇〇年前から温暖化が始まり、海面の水位が上昇し、六五〇〇年前〜六〇〇〇年前の縄文海進期ピークには海面が現在より数メートル上昇したといわれている。つまりその頃、眼下に広がる東京の下町の多くの部分は海で、その波がこの崖をつくったことになる。

西郷像に向かって左側は緩やかな斜面となっている。こちらは石神井《しやくじい》川を源とする谷田《やた》川（藍染《あいぞめ》川）が削った痕跡だ。つまり海と川によって両側を削られ、先が尖った。現在の不忍池《しのばずのいけ》は谷田川の河口部に砂が溜まった名残で、湿地帯の残像を見ていることになる。

岬は幾たびか歴史の舞台ともなった。江戸時代には徳川家の菩提寺、寛永寺がおかれていたが、慶応四年（明治元年）に勃発した上野戦争で、お寺の建物はすべて焼け落ちた。旧幕府軍の残党などを中心とした彰義隊と新政府軍がここで激しくぶつかったからだ。彰義隊は岬の高台から眼下の新政府軍を迎え撃った。そして敗れ去る。

新政府軍の指揮を一時的にとっていたのが西郷隆盛だった。ここに西郷像が立っているのは、それゆえだ。彰義隊のなかには薩摩《さつま》の兵もいて、同郷の彼らが殺されていくことを西郷は憂い悲しんだという。彰義隊のお墓は西郷像の近くに今もひっそりと佇《たたず》んでいる。

怪しげな「感性」の街

私は一八歳で上京したのだが、上京したばかりの頃、よく上野に足を運んだ。埼玉県の蕨《わらび》市に住んでいたこととも関係がある。京浜東北線に乗れば一本だからだ。学校の課題などの撮影をいつも上野でしていた。

その頃、彰義隊が陣を構えた岬の上野駅側の急斜面には、ピンク映画の看板が張り付くようにあって、私はその過激さに圧倒された（今は垢抜《あかぬ》けた「上野の森さくらテラス」という名の飲食総合ビルへと変身している）。

写真家・荒木経惟《のぶよし》さんが七〇年代に、この部分を撮影した一枚の写真にもそれは色濃く残っている。写真の中には上野松竹デパート、上野囲碁センターという文字の下に「欲情」「SEX」「秘事」「おんなざかり」「飢えた淫獣」といった文字が書かれた映画の看板があるのがわかる。文字よりも裸の女性の絵の方が大きく目立つように描かれている。三体の裸はどれもペンキで描かれたものだろう。

街の感性という言葉が浮かぶ。もちろん街そのものに感性とか感受性というものは備わってなどいないが、街をひとつの人格として考えれば表層にそれが現れる気がする。

少なくとも現代ではこんな看板が街に堂々と掲示されていることはないし、きっと許されないだろう。だから、明らかに七〇年代と現代の街の感性は異なると感じるのだ。どちらがよくてどちらが悪いということとは違う。あるいは、時代の感性とも言えるのかもしれない。もちろんそれは人間の感性の変化にほかならない。

あの頃、上野駅から続く階段には似顔絵描きの男たちがキャンバスを立て並んでいたが、今回訪れると一人しかいなかった。いや、いまだに存在していることを貴重と考えるべきかもしれない。同じくここで、学生の頃に「自衛官にならないか」と路上にいた男に執拗《しつよう》に勧誘され、近くの雑居ビルに連れていかれたこともある。

上中里駅近くの「巨大なサメ肌」

上野駅からさらに北へ向かう。左側にはずっと日暮里崖線が続いている。在来線に乗ると、その斜面がすぐ目の前にあって、窓の向こうが崖で覆われて、ほとんど空が見えない（ちなみに新幹線の窓から望んだ方が、その崖はわかりやすい。崖から距離と高さがあるからだ）。

京浜東北線の上中里駅で下車する。田端駅と王子駅に挟まれた駅で、東京に長く住んでいる者にもあまり知られておらず、存在感が薄い。上野駅から約五キロの地点。海岸線からは内陸に約一〇キロ付近だ。明らかに海からは遠い。

少し歩くと、急な崖が目の前に立ちはだかった。巨大な石垣だ。日本のお城のそれみたいだ。なぜかサメの肌を連想させる。これほど壁のように立ちはだかる崖というのはそうあるものではない。

崖の上には古い建物があって、さらにその奥にはもっと背の高い建物がある。カメラを覗いて見ると、それらも崖の続きのように見えてくる。

在来線はこの崖沿いの道路よりさらに低い地点を走っている。さらに線路の下にも崖は続いている。あたかも坂が棚田のように何段にもなっている。これらは人が削ったものだ。

明治一六（一八八三）年に上野―熊谷間を結ぶ鉄道が開通した。その際、崖を削って線路を

敷いたようだ。崖の下の土地を買収することを考えると、崖を削ってしまう方が手っ取り早かったことは容易に想像がつく。

現在、崖沿いには線路が何本も通っていて列車が頻繁に行き交う。かなり騒がしい。京浜東北線、東北本線、さらに高崎線から乗り入れている列車。頭上にはコンクリートの塊のような高架があり、こちらは新幹線の線路だ。東北、上越、北陸新幹線の列車が通っている。

私は移動して、完全に崖の下へくだる。道路の脇で三脚を立てる。シノゴのカメラをその上に取り付けて、赤色と黒色をした冠布をすっぽりとかぶる。ガラス板に像が現れる。ピントを合わせるためにルーペをガラス板にそっと当てる。

目の前は駐車場だ。在来線の線路はそこより一段高い崖の中腹を走っている。線路の背後はさらに削られ住宅になっている。崖を削って宅地が確保されたことは確かだ。やはり棚田を連想させる。

見上げれば真上には新幹線の高架。唸《うな》るような音を立て、姿を見せないまま新幹線が宙を通り過ぎていく。改めて考えてみれば不思議な眺めだ。ここには何ひとつ海を連想させるものはない。それなのに、これほど海の痕跡を残している場所はないだろう。すると、自分が近未来にいるような気持ちになる。

しばらく歩くと、大きな貝塚の跡に出会った。ここは縄文時代の「水産加工場」と考えられている。あまりに規模が大きいからだ。幅一〇〇メートル、長さ約一キロ、貝塚の厚みは最大で四・五メートルもある。

『東京都北区赤羽』

日暮里崖線は鬱蒼としている。木々で覆われている場所が多い。お寺、神社などが点在しているからだ。地図を改めて見ると、多くの崖は北東を向いていて、明らかに南向きではない。ということは、北向きほどではないが、日照時間がかなり短いはずだ。そのことから鬱蒼というイメージが芽生えたのかもしれない。

崖に沿って、私は北上する。

日暮里崖線の終点は赤羽。やはりここも岬だ。地図で確認すると、北に向かって三角形に尖っている。

西郷さんの岬は海と川によって両側を削られていたが、赤羽の岬も同様だ。東側は上野からずっと続いている日暮里崖線。そのすぐ北に荒川の大きな流れがある。荒川は西から東に向かって流れているが三角形の西側に明らかにえぐれた跡がある。それにより岬ができただろうことは容易に想像がつく。一目瞭然だ。つまりここもまた上野と同様に海と河川の侵食によって生まれた先端なのだ。

私の好きな漫画に『東京都北区赤羽』というものがある。清野とおるさんという漫画家の方が描いた作品で、作者の体験をもとにストーリーが進んでいくので、ドキュメント性が強い作品で、ある種のノンフィクションとも言えるだろう。作者も赤羽在住で、日常生活のなかで赤羽に実在する個性が強い方々がこれでもかと出てくる。絵だけではなく実在する方が写真入りで出てきたりもする。本当にこんな人が実在するのだろうか、漫画じゃあるまいしと思って読んでしまうのだが、それがまさに漫画になっている。

なかに漫画に行き詰まった作者が隣の板橋区の実家から馴染みの深い赤羽に引越すくだりがあり、作者が入居を決めたアパートの部屋に入り窓を開けると、いきなり崖が立ちはだかっている描写がある。そのため昼間でも暗いようだ。読みながら、これぞ「日暮里崖線」だと納得したのは私だけだろうか。

拒絶する海、人に優しい川

赤羽から新宿まで埼京線が開通した年（一九八六年）、前述した通り、私は埼玉県蕨市に住み始め、そこから中野坂上の写真学校へ通うために毎日赤羽駅を利用していた。埼京線に乗り換えるためだ。でも、改札の外に出たことはほとんどなかった。

それでも崖の存在には気づいていた。新宿行きの埼京線は高架を走るため、赤羽を出ると窓からの眺めがいいのだが、進行方向右手側に崖が見えるからだ。その上が高台になっているのがわかった。上京したばかりの私は、東京とは真っ平らなところだと思い込んでいたので、意外だった。でも、崖や高台についてそれ以上深く考えることはなかった。

上野からずっと続いてきた一〇キロにおよぶ崖はここで終わる。赤羽駅の構内は八〇年代とは大きく様変わりしていた。かつて、京浜東北線から埼京線に乗り換えるのは一苦労で、一旦谷底まで下り地下の長い通路を通り、反対側の階段をもう一度上る必要があったが、今はその必要はない。谷底には東北本線、高崎線などが走っていた。

赤羽は新宿から電車で一五分ほどの距離だ。それなのに、どこか地方都市に降り立ったような印象を覚える。そのあたりのことは漫画『東京都北区赤羽』にも存分に描かれていて、都心に近いのにどこか別の文化圏にあるように映る。このことと、高い崖に因果関係はあるだろうか。まったく無縁ではないだろう。

赤羽付近の日暮里崖線は複雑な地形をしていて、単に海に侵食されただけの切り立った崖が続いているわけではない。地図を眺めれば一目瞭然なのだが、東側から崖を削りながら、いくつもの谷が刻まれている。河川によるそれだ。海が削ったところと名もなき川が削ったところが複雑に重なっている。

その谷のひとつである亀ケ谷へ分け入ることにした。分け入るなどと書くのは少々大げさな気もするが、気分としてはおおいにそんな感じだ。注意深く川が削った跡を探しながら歩く。その痕跡を見つけるたびに、海が削ったものは人を拒絶するように立ちはだかっているのに対し、川が削ったものは人に優しいという印象を抱いた。

弧を描くように人の背の三倍以上はありそうなコンクリートの高い壁が続いている地点に着いた。ここは海に削られた部分だろうか、それとも河川によってだろうかなどと考えながら歩く。亀ケ谷の入り口だ。地図を見るかぎりでは、海によって侵食されたあたりに見える。

私は三脚を立てる。頭が混乱したとき、理解不能のとき、私は考えることを一旦やめて、そのかわりに写真撮影を優先させる。

壁の上には赤羽台団地という団地がある。地図で見ると、大きな団地の建物が規則正しく並んでいるのがわかる。軍の施設が太平洋戦争が終わるまで置かれていたという。戦後、広大な土地は住宅地として活用されることになった。谷底は当然ながら地形のままに通りが延び、それに沿って民家が密集しているのに対し対照的だ。

谷には当然ながら反対側の斜面というものが対として存在する。でも残念ながらここからは反対側のそれが見えない。住宅に邪魔されているからだ。すでに何度か触れたが、これが地形を常にわからなくしている原因だ。だからこそ探検のしがいがあり、想像力を働かせる楽しみが増えるのだが……。

建物のあいだから対岸の緑が少しだけ見えた。山みたいに映る。緑が繁るその方向へ向かう。地図には稲付城《いねつけじょう》跡、静勝寺《じょうしょうじ》とも書かれている。その途中で小さな祠を見つけた。弁財天（亀ヶ池）とある。鳥居に小さな社、そして池の三点セット。背後には立ちはだかるような巨大なマンション。池は湧水だという。

コンクリートに囲まれた湧水

私は稲付城跡へ歩を進める。江戸城を築城したことで有名な室町時代中期の武将太田道灌《どうかん》がつくったものだ。時代をくだるなかで太田道灌ゆかりのお寺へと姿を変えていった。

地図を凝視してみる。東側の等高線の幅は極端に狭い。傾斜が急であることを示している。それに対し西側はかなり緩やかだ。このことから東側が海に削られ、西側は川の流れによって削られたことが想像できる。

太田道灌がなぜ、この地へお城を築いたのか。ここもまた小さな岬だからだ。半島状に突き出すかたちになっている。つまり、より多くの方向へ見晴らしが利く。典型的な山城といえる。しかし、現在その全貌はやはり民家に隠れてかなりわかりにくい。細い道を辿っていくと、急な階段の先にお墓が現れた。さらに中腹をはちまき状に進むと静勝寺の正面に出る。こちらは等高線の幅が狭い海側（東側）の地点にあたる。西側の斜面に対して、あたりに建物はない。建物を建てるには急すぎるからだろう。急な上り階段が目の前にある。お寺の境内へ続く石段だ。

お寺を背にした少し先に線路の高架が見えた。埼京線、東北新幹線のそれだ。風景はそこで遮られている。それらが建設される以前、どこまで見渡すことができたのだろうか。とはいえ、太田道灌の時代にも海は見えなかったはずだ。見えたのははるか昔のことだ。

さらに南側へ歩を進める。稲付谷《いなつけ》と呼ばれる谷の奥へさらに進む。次第に両側が狭まっていくのがわかる。斜面も急だ。なんだか、自分が東京からとても離れた場所にいるような気持ちになる。道路のすぐ左側に民家が続いているのだが、一階の玄関が道路よりかなり低い位置にある。だから数段の階段がどの民家にもついている。

さらに進むと谷の反対側にぶち当たった。民家が連なっているがその背後は鬱蒼とした緑に覆われていた。谷の上は本郷台の続きで、乾いている土地だ。でも谷底はやはりじっとりとしている。この感じが私は嫌いではない。かなり好きだ。

袋小路のようになった一角があった。注意深く三脚を立てる。ここも民家の背後が森のようになっている。木々に隠れてわかりにくいが、よく見れば明らかに崖だった。地図を開く。等高線の幅は接するほどに狭く、かなりの急な崖だとわかる。行き止まりの袋小路にひっそり秘境があるという印象だ。

ふと足元に不思議なものを見つけた。コンクリートで周りを囲んだ流しのようなものだ。昔、小学校のプールにあった足を洗うようなもの。すぐ横には木の板で蓋がしてある。蓋のあいだから中を覗いてみると、コンクリートに囲まれた生け簀《いす》のようなものが現れた。水で満ちていた。微かに流れているのもわかる。湧水に違いない。水は驚くほどきれいだった。

同じようなものはひとつだけではなく、近くにさらにふたつあった。やはり覗くとコンクリートに囲まれたなかに水が流れていた。かなりの水量だ。現在使われている形跡はなかったが、それほど過去のものという感じでもない。かつては日常的に食器や野菜などを洗っていたのだろうか。もしかしたら、洗濯などもしたのかもしれない。少なくとも昭和の時代までは使われ

ご入居

ていたはずだ。私は大発見でもしたような気持ちになって、しばらく流れを見続けた。

〈解説〉「詐称地名」

今尾　恵介

縄文時代に地球規模で温暖化が進み、約六千年前には現在より海水面が二〜三メートルほども高かったらしい。この時期に海の白波は盛んに地面を削り取っていたが、それが今も目立つかたちで残されているのが日暮里崖線という海食崖である。北は赤羽から京浜東北線に沿って日暮里を経て上野に至るもの、いや順序から言えばこの線路の方が崖下のラインに沿って建設されたのだが、その崖下に設けられた上野駅では、低地側にあたる浅草口の標高が約三メートルであるのに対して、崖上に面した公園口は一八メートルほどもある。この駅は「上野発の夜行列車」がかつて盛んに発車していた地平ホームと山手線や京浜東北線が発着する高架ホームの二層になっているのだが、その高架ホームからさらに階段を上がったところが公園口なので、その崖の「実力」がしのばれる。

山手線が駒込の方へ分かれていくあたりが中里であるが、その崖下にある中里貝塚は、縄文人たちがここの海岸線で貝を採取し、殻を捨てていた生活を伝えてくれる。捨てたなんて断定するのは彼らに失礼かもしれない。再び恵みをもたらしてくれるよう祈りつつ海辺に安置したのだったりして。実際に東京市に編入される以前は貝塚という地名もあった。

石神井川の流れ込む王子駅付近でこの崖は一旦切れているのだが、赤羽方面へ進むと崖の開削がなかなか激しいのはなぜだろうか。「赤羽台」という地名のある付近には三つの谷が切り込みを入れるように西へ入っており、しかも台地と谷との標高差はかなり大きい。赤羽駅のすぐ西側の崖上に聳える静勝寺はかつて太田道灌が築いた砦《とりで》―稲付城の跡とされるが、見渡す限りの平地を俯瞰する絶景の地だったに違いない。赤羽駅の地面が六メートル弱なのに対してこの寺は約二〇メートルと実に高く、かつ半島の尖端《せんたん》という、砦には絶好の場所だ。

大正初期の地形図によればこれらの谷底はいずれも田んぼだったが、交通の便が良く、また被服廠《ひふくしょう》など軍の施設が置かれたこともあって、昭和初期にはすでに家並みが進出している。もっとも北側の谷は台地に囲まれて袋のような地形をあらわす袋町（江戸期は袋村）と称したが、昭和四七（一九七二）年に住居表示の実施で赤羽台の一部とされてしまった。特に赤羽台三丁目はほとんど谷の地形なので「詐称地名」となっている。最南端の谷にあった稲付町という江戸時代以来の地名も赤羽や赤羽西などの一部となって今はないが、こちらは洪水の際にここの崖下に稲が寄せ付けられたとする伝承もあるほどその立体的な地形は目立つ。

第七章　発展する都市が目を背けた川

渋谷川

渋谷川と聞いて、その流れを即座に頭に描ける人はそう多くはないだろう。毎日その川の上の橋を通っていても、あるいは直接目にしていても気がついていないのではないか。多くの人の身近にあるのに、意識されることがほとんどない。言ってみれば希薄な川である。

これを都会的と表現してしまっていいのか迷うところだが、東京でもっともソリッドな川のひとつであることは間違いない。比喩ではなく文字通り固体、堅固、硬質という意味においてそう思う。多くが暗渠化されたコンクリートとアスファルトの下にあるからだ。

そもそも渋谷川はいくつもの支流が集まり、やがて東京湾に注ぐ。源は新宿駅近くの天龍寺といわれている。流れ出した水は新宿御苑《ぎょえん》へ入る。新宿御苑は江戸時代の高遠藩《たかとおはん》内藤家の屋敷跡だったことはよく知られているが、私には特別な思いがある。小さい頃から「高遠藩の殿様は家の前の道を通って江戸へ向かった」と散々聞かされてきたからだ。

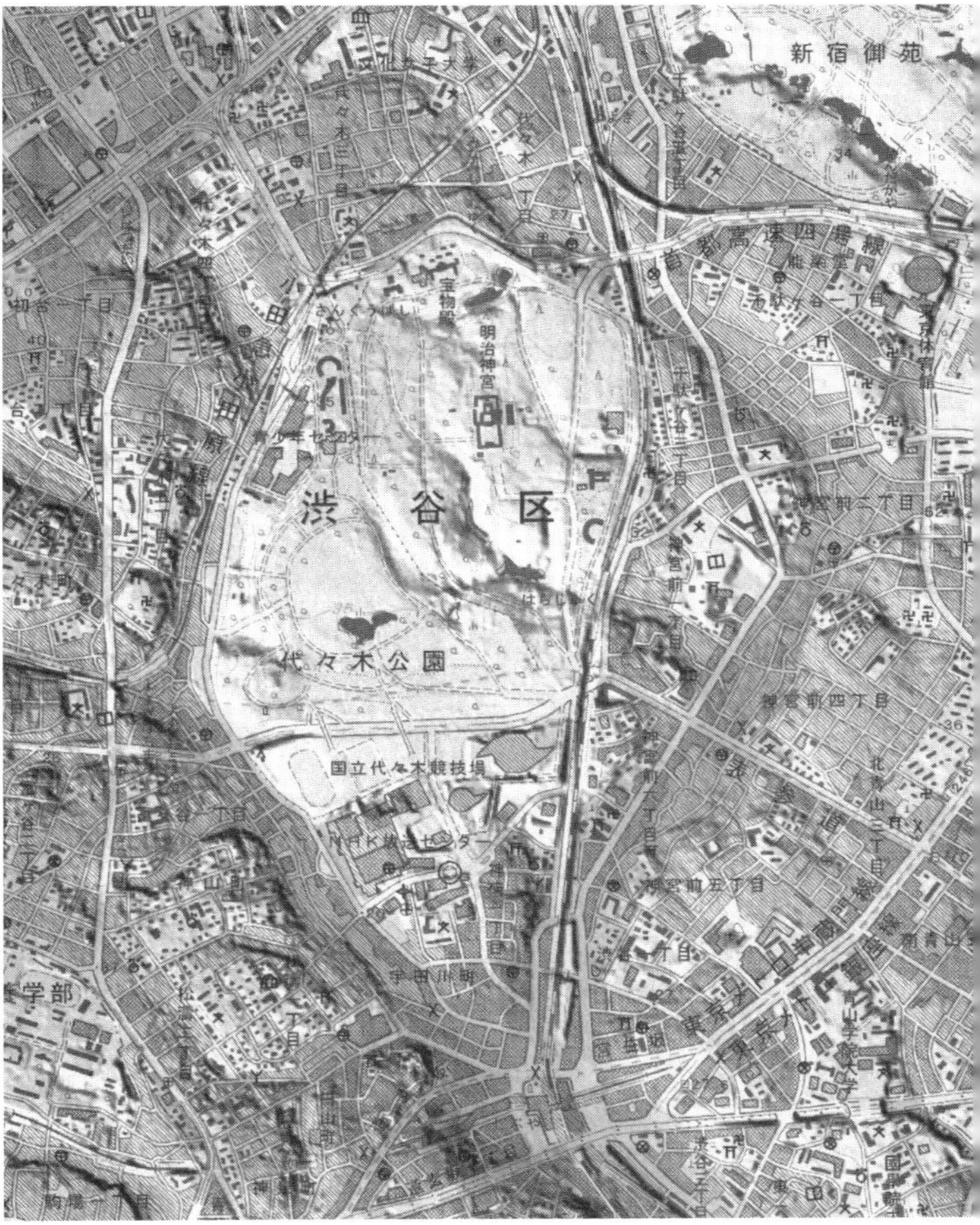

まん中の白っぽく見える明治神宮エリアの東側を南流するのが渋谷川（穏田川）で、源流は右上に見える新宿御苑付近。神宮の西側はその支流の宇田川である。
1:25,000デジタル標高地形図「東京都区部」

長野の地元、諏訪《すわ》には金沢峠というものがある。高遠から甲州街道へ抜ける峠道なのだが、実際にそこを高遠の殿様が参勤交代のために通って江戸に向かっていたようだ。とはいえ、けもの道のような険しく細い山道で、こんなところを殿様が本当に通ったのかと子供ながらに思ったのだが……。

その特別な思いは、そのまま新宿に対しても重なる。おそらく私だけのものではない。例えば、戦後だけ見てもヨドバシカメラの創業者、三平ストアの創業者共に諏訪の出身だが、どちらも新宿で事業を始めたことは偶然ではないだろう。甲州街道沿いの信州人にとって、東京といえばまずは新宿なのだ。余談だが、諏訪に本社を置くセイコーエプソンが本店をけっして新宿から動かさないのも似たような理由からではないかと私は密《ひそ》かに考えている。

新宿御苑から渋谷川を下流に歩いてみることにした。夏の暑い日で、開園の時間ぴったりに大木戸門へ向かったのだが気温はすでに三〇度を超えていた。

公園の南側には池が点在している。上の池、中の池、下の池と呼ばれていて、かつてはここを渋谷川が流れていた。内藤家はそれを堰《せ》き止めて池にしたのだ。やがて流れは下の池から御苑の外へ流れ出し、南側の千駄ケ谷駅の方向へ向かう。

下の池の端、水が流れ出した地点の底から水が湧き出している。このことはネットの情報で

知ったのだが、実際に探してみるとすぐに見つかった。微かながらボコボコと湧き出ていた。

水の流れはすぐに公園との境の柵の向こう側へ消えていく。そこより少し北側にも公園との境の柵があるが、それに沿って向こう側は小さな谷になっている。江戸時代に開発された玉川上水の「余水吐跡」である。近くには玉川上水水番所跡というものもある。

このあたりは玉川上水にとってもとても重要な場所で、武蔵野を流れてきた水はここから江戸市中へ入った。多くは石樋《せきひ》、木樋《もくひ》と呼ばれる水道管によって細かく分かれたようだ。そうやって市中へ行き渡らせることになる。現在、新宿区内藤町にある四谷区民センターの近くには水道碑記というものがあり、そこに市中に流れる水の量を調整するために水番所が置かれていた。その際に余った水はその名の通り、余水吐へ流された。現在残っている川幅が仮に当時のままだったとすれば、かなりの規模だ。地形を利用した大掛かりな用水路である。

この余水吐跡は新宿御苑内からの方がよく見える。あたりは鬱蒼とした木々に覆われている。夏の強い日差しが溢れていて、インドネシアのバリ島の山あいの村を連想させる。対岸に古い民家がある。月並みな表現だが、都心にこんな緑溢れる場所があったのかと思わせる。ここもまた都市の秘境といえるだろう。

対岸の住所は内藤町である。外苑西通りと新宿御苑に挟まれた一帯で、高遠藩内藤家にまつ

玉川上水の「余水吐跡」

わるものが今も残っている。多武峯《とおのみね》内藤神社、末社稲荷神社だ（明治になって内藤家の屋敷がこちら側へ移転したのに伴い、神社も移転したといわれている）。江戸の匂いが濃厚に漂っていて、当時の「気」が積み重なっている。

臭いものにフタをした東京オリンピック

渋谷川は中央線の線路付近で余水吐と合流し、南へ流れていく。とはいえ完全に暗渠となっている。東京オリンピックの直前にふさがれたようだ。当時、東京の河川はどこもドブ川と化していてとにかく臭く、外国人の目に触れないように蓋がされていったといわれている。おそらく渋谷川も悪臭を放っていたのだろう。

東京オリンピックは昭和三九（一九六四）年に行われている。暗渠化が進んだのは東京オリンピックが決まった昭和三四（一九五九）年頃からといわれていて、私が生まれる一〇年近く前に蓋をされたことになる。あるいはいくつかは遅れて暗渠化された河川もあったのかもしれない。東京生まれ東京育ちの同世代の友達からドブ川について聞いた記憶はない。彼らが物心つくまでにそれらは消え去っていたということだろうか。

ウラハラで迷子になる

よく知られたことだが、いわゆるウラハラと呼ばれている原宿の明治通りの裏通り、通称キャットストリートの下を渋谷川は流れている。もちろん川面は見えないが、それでも不思議と川の存在を感じるものである。道が緩やかに弧を描いているからだ。それに道路の中央が端より高くなっている箇所がいくつもある。やはり妙である。

古くは穏田《おんでん》と呼ばれる田園地帯だった。昭和三〜一一年のあいだにつくられた地図（東京時層地図）を見ると、穏田一丁目、二丁目、三丁目という表記がある。かつて葛飾北斎が「富嶽三十六景」のなかで描いた「穏田の水車」はこのあたりで描かれたようだ。水車が川にかかっている。

表参道をすぎたところで明治通りの方向へカメラを向けてみる。当然のことながら、ビルばかりだ。この方向が富士山の方向にあたる。葛飾北斎が描いたアングルを想像しながら三脚を立てる。私はカメラをどこに向ければいいのか、正直なところわからなくなる。まるで迷子だ。版画には遠くに富士山が望めるが、カメラの向こうにはない。

気になる場所を見つけた。下流に向かって歩いていくと左側に逸れる細い道がある。軽く蛇

穏田商店会
花と
緑の街
穏田商店会
ONDEN
ほのぼの
楽しい
穏田商店会

行して、再びキャットストリートへ戻る。なんのために？　左へ逸れていく道の方がキャットストリートよりも一段低くなっている。あとで、古い地図で確認してみたところ、大正五～一〇年の地図にはこの湾曲はしっかりと確認できるが、先ほどの昭和三～一一年の地図ではすでに直線になっている。ということは暗渠化する以前に川はまっすぐにされたが、道はその痕跡として残り続けたということだろうか。そう考えると、また別の感慨を覚える。静かに、かつてここが川だったことを主張しているように思えてくるのだ。ちなみに明治神宮の清正井《きよまさのいど》から湧き出している流れはこのあたりで合流しているはずだが、もちろん合流地点はわからない。

川は渋谷の谷へ向かう。当然ながらその姿はどこにもない。暑い。とてもシノゴのカメラを担いで歩くような日ではない。新宿御苑から歩き出して三時間ほどが経っている。ただ歩くだけだったらこんなに時間はかからない。写真を撮りながらだと、どうしても三倍ほどの時間が必要だ。

背を向けるべき川

宮下公園は高台の上で、その下が駐車場になっている（現在は公園の再整備に伴い使用休止）。その脇を歩道が走っている。この歩道の下を渋谷川が流れているのだが、大きな支流である宇田川は現在の山手線の向こうからここへ流れつき、渋谷川に合流している。「春の小川」のモデルになったのは宇田川の支流の河骨川《こうほねがわ》といわれている。

もちろんその宇田川との合流点が目撃できるわけではない。昭和三〇～三五年の地図を見るとすでに井ノ頭通りの宇田川交番の少し上流付近まで暗渠化されていることがわかる。井ノ頭通り入口の交差点から山手線へ向かって小さな歩道とトンネルがあるが、この下を宇田川は現在も流れているはずだ。このトンネルは、本来歩道ではなく単純に川を通すための橋だったのではないか。おそらくそうだろう。大発見のように思う。その姿を想像しながら、振り向けば、西武渋谷店のA館とB館のあいだに渡り廊下が三つ架かっているのが目に入る。地下を流れる川に架かる空中の橋。凝視していると、アスファルトが水の流れそのものに見えてくるから不思議だ。シュールともいえる。

さらに渋谷駅方向に進むと自転車置き場が広がる。ここも渋谷川の上なのだ。向かって右側に外壁がトタンなどでできた建物が続く。のんべい横丁の裏側にあたる。表の通りは柳の枝が揺れ昭和感全開の趣であるが、対照的に味気ない。まさに裏である。

だというのに、ここまで歩いてくるなかでは渋谷川の気配をもっとも濃厚に感じさせてくれる地点だ。昭和三〇～三五年の地図を見ると、渋谷川のギリギリにどの建物も建っているのが

CHRISTMAS
GIFT
FOREST
SEIBU
三井住友銀行

わかる。その頃、この川はときには異臭を放っていたはずだ。つまり背を向けるべき川だったのだ。けっして川を正面に建物を建てる環境ではなかったのだろう。申し訳程度にある小さな窓が、当時の状況を物語っているかのようだ。

自転車置き場の先は大通り。その先は渋谷駅になる。ここでまた渋谷川の流れを見失い、迷子になる。

道を渡った正面にあるはずの東急百貨店東横店の東館は現在ない。渋谷駅とその周辺が大規模な再開発の真っ最中だからだ。よく知られた話だが、東急百貨店東横店の東館には地下に売り場がなかった。もちろん理由があって、そこに渋谷川が流れていたからだ。

ちなみに今回の再開発では渋谷川の流れが変えられるという。現在より東側（渋谷ヒカリエ側）へ移動し、現在のバスターミナルの下を通る計画のようだ。この再開発では新たに地下貯留槽なるものがつくられることにもなっている。渋谷駅街区土地区画整理事業のホームページによれば、豪雨などによる地下施設への浸水の対策として地下約二五メートルの深さに約四〇〇〇トンの水を一時的に貯水できる空間を整備するという。渋谷が谷底であることに改めて気づかされる。

渋谷駅をすぎ２４６号と首都高が合流する先で渋谷川ははじめて地上に顔を出す。稲荷橋付近だ。首都高の下に架かる歩道橋の上から、その流れを眺めた。まさにソリッドである。この辺りはつい最近、「渋谷ストリーム」という名の川沿いの憩いの空間として再開発された。こ

こから先は河口まで人の目に触れて流れ続ける。本来太陽の光にさらされるのがあたり前の水の流れが、金属の一部のようにもコンクリートの一部のようにも映る。

少し先の天現寺橋付近で流れは古川と名前を変え、古川橋付近で約九〇度北の方向へ流れを急激に変える。さらに一の橋付近で今度は東へまた約九〇度方向を変え、浜松町駅の脇を通りその先で東京湾へ流れ込む。

〈解説〉「狭まっている地形」の名前

今尾　恵介

渋谷という地名はかつて「塩谷《しおや》の里」と称したという。シオの付く地名は塩化ナトリウムの関係ではなくて「しぼむ」と同源の「狭まっている地形」をあらわすことがあり、確かに渋谷川を遡ると徐々に谷が狭まる地形でもあり、その類の地名という説もある。地中の鉄分を溶かし込んだ渋色の水によるという水質説もあるが、真偽のほどはわからない。流域は地形的に見れば淀橋台に属しているので侵食にさらされた歴史は長く、深く支谷が刻まれているのが特徴だ。

市街地の水系をふつうの地図で辿るのは難しいが、地形がわかりやすく表現された「デジタル標高地形図」（日本地図センター刊）なら流域を把握するのは難しくない。これで渋谷川の源流を辿ると新宿御苑の中にあるいくつかの池（上の池・中の池・下の池、その他）に行き着くが、これらはいずれも堰き止めてできた人工の池で、明治一三（一八八〇）年測量の迅速測図には描かれていない。東側の支流を堰き止めた玉藻池は図にも見えるが、その北側がちょうど玉川上水の終点・四谷大木戸であった。上水の水はここから石や木製の水道管で江戸市中へ引き込まれていたが、その余水をこの支流が受けていた。

例によって尾根を通っている甲州街道の西新宿交差点付近からは、その南側を水源とする代々木川がつくった谷が南東へ延びており、これが小田急の南新宿駅、地下鉄北参道駅を経て千駄谷小学校の南東で渋谷川に合流していた。今はもちろん全区間が暗渠である。地形がわかりやすい場面といえば、原宿から北へ向かう山手線が突如として谷を築堤で渡る区間だろうか。ちょうどそのあたりで首都高速道路4号が上を跨いでいる。代々木川との合流点以下は「キャットストリート」で知られる裏通りとなるが、直線化される以前の旧河道も断片的に脇道に残っていて印象的だ。穏田と原宿の境界に架けられた穏原橋などの親柱が今もひっそりと残っている。

今も川のかたちをとどめているのは渋谷駅以南で、「カミソリ護岸」の中を通常はチョロチョロとしか流れていない。ここから下流側の河道は明治通りにかなり近接しており、広尾の端に位置する天現寺橋でかつての笄川《こうがいがわ》を合わせ、そこから古川と名前を変える。昭和七（一九三二）年まではここが東京市（麻布区）と郡部（豊多摩郡渋谷町）の境界だった。このため路面電車も天現寺橋東側の市内は東京市電、西側が玉川電気鉄道（後に都電）と棲《す》み分けられていたのである。

第八章　崖から一路、コンクリへ

国分寺崖線

地図を広げて見るとわかりやすいのだが東京の西側、武蔵野を中心とした広大な地は緩やかに標高を下げながら扇状に東側へ広がっている。いうまでもなく巨大な扇状地である。扇状地が誕生するには川の存在が不可欠であるが、ではどの川がそれを担ったのか。

答えは多摩川だ。現在の多摩川は東京の地図の中で南端、神奈川県との境をおとなしく流れているから、多摩川がそれをどう形成したのかを想像するのは容易ではない。私の個人的な感想だが多摩川は隅田川、荒川のようなたくましさがない。水量に関係している。隅田川、荒川などにくらべてそれがけっして多くなく、橋の上から望めば川底が簡単に見え、さほど深くない。河口部でも遊覧船などを運航できないことからも明らかだろう。海に直接注ぐ川にしては渓流の趣さえある。

私は二〇代前半の四年間ほど調布市の京王多摩川駅近くの多摩川沿いのアパートに住んでい

武蔵野面（上）と立川面（下）を分ける国分寺崖線。三角形の台地左側に国分寺駅があり、中央線は切り通しでまっすぐ通過している。野川の源流は左上の恋ヶ窪周辺。
地図調製：小林政能（地理院地図・基盤地図情報のデータを利用）

た。毎日のように多摩川を目にしたが、河原は広いのだが川そのものは細い。そんな流れが、かつて東京の西側を幾段にも侵食し、削ったなどとは想像もつかない。

約一二万年前にそれまで海底に眠っていた下末吉面が隆起して地上に現れた。その後に多摩川の扇状地が侵食・堆積を繰り返しながらつくり上げたのが武蔵野台地で、また、多摩川が大規模に侵食してつくり上げたのが国分寺崖線である。その長さは驚くことに約三〇キロも続く。国分寺付近では北の方向にえぐったように膨らんでいるが、そのあとは直線となり調布の深大寺《じんだいじ》、東急東横線の多摩川駅付近まで続いている。最大の高低差は二〇メートルほどで世田谷区の成城付近だ。国分寺付近では一五メートルほど。ちなみに国分寺崖線の南側、府中市の東京競馬場あたりにはさらに規模の小さな府中崖線が存在していて、現在の多摩川まで正しく段丘、つまり階段状になっている。

今回国分寺崖線に注目するまでたいして意識していなかったのだが、調布の深大寺も国分寺崖線上にある。浅草の浅草寺に次ぐ古刹で知られている寺だ。

東京の中で好きな場所を問われたら、私は深大寺を一番にあげたい。初詣は毎年、深大寺と決めている。理由ははじめて訪れたとき、心地よかったからだ。気の流れがいいと感じた。水の存在がそう思わせた。水量の多い清流に驚いたからだ。やはり湧水が豊富なのだ。

境内から急坂を上って、背後にある神代《じんだい》植物公園へ行くことができる。この急坂が、かつて多摩川が削った崖だ。ちなみに深大寺といえば深大寺蕎麦《そば》が有名だが蕎麦といえば、やはり水。ここが蕎麦の名所となった由縁に今頃気がついた。

国分寺崖線の終点は東横線多摩川駅付近。ここで現在の多摩川と接する。興味深いのは、この先端部分に古墳が集中していることだ。前方後円墳の宝萊山《ほうらいさん》古墳や多摩川台古墳群などがある。岬のように突き出た好立地だったからだろうか。その背後、台地の上は田園調布である。

野川の水面に立つ

私は国分寺崖線の西の端に近い国分寺へ向かった。駅の南口から南へ向かう。程なく、橋があり、その下を川が流れている。かなりの急勾配の地形が現れる。これが国分寺崖線である。流れている川の名は野川《のがわ》。多摩川が崖線を形成した際の名残川といわれている。とはいえ野川の水源は多摩川ではない。湧水だ。

私は早速橋のたもとから川まで下りてみることにした。コンクリートで護岸されているのだが、途中が急な階段状になっているので、なんとか下りて野川の川岸に立つことができた。明らかに地上からは一〇メートル以上あるだろう。

再び橋の上に戻ってから、さらに東へ崖線に沿って歩く。崖線は崖というよりは急な斜面といった方が正しい。しばらく道なりに行くと次第に崖線から離れた。すると崖線に沿って住宅が帯状に連なっているのが畑の先に見えた。斜面に沿って家が建っている。すぐ足元には野川。その先が広く畑で、突き当りが住宅地だ。よく見ると住宅はひな壇のように映る。住宅は崖線の斜面、さらに武蔵野面（武蔵野段丘）の上に建っているからそう見えることがわかった。どの家もとても日当たりがよさそうだ。

三脚を立てカメラを構える。私が今、立っているのは立川面（立川段丘）だ。

足元の野川はコンクリートで覆われている。さらに上に転落防止のためだろうか、やはりコンクリートでつくられた柵のようなものが渡されている。私は三脚の脚を自分の背よりも高く目一杯伸ばす。カメラのレンズを広角である七五ミリに換えて、高さ五〇センチほどの脚立の上に立つ。できるだけ足元から遠くまでを一度に入れたいからだ。

冠布をかぶり、ピントグラスを覗く。遠近感のある像が浮かぶ。カメラのアオリ機能を使って野川から武蔵野面の住宅まですべてにピントが来るようにする。念を押すように絞りを最大のｆ45まで絞り込む。

撮影を終えた後で、私は崖線の斜面へ向かった。実際の崖線上の住宅がどのように建てられ

ているかを確かめたかったからだ。するとまさにひな壇のように住宅が階段状に並んでいた。見晴らしもよさそうだ。

私はここでもまた三脚を立て、カメラを据える。遠い昔を想像してみる。多摩川が削ったさまを想像してみる。簡単なことではない。連想させるものはひとつもないからだ。ちなみに崖線は地元では昔から「ハケ」と呼ばれている。

コンクリートで囲まれた「野の川」

さらに歩くと東京経済大学の裏に出た。このあたりは雑木林で、おそらくかつての武蔵野の面影をそのまま残しているだろう。斜面に木々が生えている。住宅地となる前、このあたりの多くはこんな姿だったのだろう。

脇道から少し大学構内の方へ向かうと、新次郎池という小さな池に出た。忘れ去られたように寂しげだ。崖線からの湧き水によってできた池だ。五箇所から湧いているという。ほとんど水量はない。訪れたのは四月だが、この時期は湧き水がかなり少ないようだ。ちなみに名前の由来は昭和三二（一九五七）年から昭和四二（一九六七）年まで東京経済大学で学長を務めた北澤新次郎氏がこの池を整備したことにちなんでいるという。

私はコンクリートで囲まれた野川を撮影することにした。橋のたもとから、川岸へ下りる鉄のハシゴ状のものがかかっている地点があったので、それを使って慎重に川岸へ下りてみた。流れの横に少しだけコンクリートの平らな場所があり立つことができた。そこに三脚を立て上流にカメラを向ける。地上部分に格子状にコンクリートが走っている。それにより空が隠れているので、トンネルの中に立っているような気持ちになる。だというのに、水面に空がくっきりと反射している。あまり見たことがない光景だ。崖のあいだから滲《にじ》み出た直後に、こんな人工的なところを流される水はどんな気分なのだろうか。

水は中央の凹んだところを静かに流れていて、簡単に跨げるほどの水量だ。寒々しくて味気ない。野川という名前とは対極だ。それでもフォトジェニックだから、写真を撮る身としてはたまらない。

さらにくだるとこれまでコンクリートで三方を囲まれていた野川の流れは、急に解き放たれる。幅が広くなり昔の面影を残す土手が現れる。あの閉塞感はない。川のすぐ横を歩けるように遊歩道もある。その中央を野川が音もなく流れている。昔ながらの小川という風情だ。まさに野川という名にふさわしい。健康的、牧歌的で、かつての流れを感じさせる扱われ方だ。でも、それも近年人工的に整備されたものだ。

その姿を撮るべきだろうと思った後で、どうしてもその気になれない。フォトジェニックに感じられないからだ。コンクリートそのものや、それに囲まれ矯正された水の流れといったものに自分が反応していることに改めて気づかされる。その方が間違いなく官能的である。これをフェチと呼ぶのか。

〈解説〉河岸段丘のつくられ方

今尾　恵介

古代の武蔵国分寺に由来する国分寺の集落は、水が得やすい崖下にまず立地した。集落の基礎は生活用水であるから、それが得られない武蔵野台地上で玉川上水の開通まで開発が進まなかったのは当然であり、従って集落の立地は国分寺村のように崖下の湧水地帯などに限られていたのである。

このあたりで崖が長く続いているのが国分寺崖線で、川沿いに数段のテラスから成る「河岸段丘」の地形を成している。このうちもっとも目立つ区間が国分寺市西部から小金井市、三鷹市を経て成城あたりまでだろうか。この長い崖線の湧水を少しずつ集めて崖下を東南へ流しているのが野川で、二子玉川で多摩川に注いでいる。ただし最下流部は昭和四二（一九六七）年まで狛江《こまえ》市域を南下、狛江駅の北東側で六郷用水に注いでいた。この付け替えは主に洪水対策のためであるが、昭和三三（一九五八）年九月の狩野川《かのがわ》台風でこの野川を含めて東京近郊の中小河川が氾濫して甚大な被害をあたえたことを受けて、河川改修の気運が高まった背景がある。

河岸段丘は海面変動と河川による侵食と堆積の作用がつくりあげたものだ。「古多摩川」がつくりあげた巨大な扇状地が武蔵野台地だが、地球全体の寒冷化による海面低下のため侵食が進み、また少し温暖な気候に逆戻りすることもあるので、海面が上昇すれば侵食から堆積に転じ、同様に寒冷化と温暖化を何度か繰り返した結果（全体のトレンドとしては寒冷化）、いくつかの段数をもつ河岸段丘が形成されていった。

削られてできた崖を「段丘崖」、堆積したところを「段丘面」と呼ぶが、当然ながら下位の段の方が新しく削られたもので、形成された時代の寒冷化は度合が大きく海面も低下していたため当時の多摩川の勾配は比較的急で、上の面と下の面の標高差は開いてくる。このため国分寺崖線も東へ行くに従って崖は高い。具体的に言えば国分寺あたりで一五メートルほどの崖が、成城では最大二四メートルほどと差が開いている。

第九章　人工河川の魅力

小名木川《おなぎがわ》

小名木川は人工の河川である。長さはたった四・八キロほど。今回、人工河川を取り上げるのはここだけなのだが、以前からとても気になっていた。

この河川をつくったのは徳川家康だ。天正一八（一五九〇）年に江戸に入った徳川家康は水路を機能させることに努めた。元々は干潟だった小名木川の開削もそのひとつで、行徳産の塩を江戸に運ぶのが最大の目的といわれている。さらには成田山詣でに行く一般の者たちも途中まで船で東へ向かったようだ。

江東区中川船番所資料館の常設展示図録によれば「小名木川は慶長年間（一五九六―一六一五）に干潟沿海の水路として確定していたものを埋め残す形で造られた沿海運河です。小名木川からさらに東へ延びる船堀川も同時期に開削され、江戸城大手門から小名木川・船堀川を経て江戸川・利根川水系へ繋がる重要な物資の輸送路が確保されました」とある。船堀川とは現

江東区の中央部で、まっすぐ東西に走るのが小名木川、中央付近で直交するのが大横川。この地域では色が濃いほど低い海面下の土地である。
1:25,000デジタル標高地形図「東京都区部」

在の新川をさす。

その資料のなかの江戸時代初期の地図を見ると、小名木川の南側にはまだ干潟の形状が残っていて、その先の海は埋め立てられていない。それが延宝年間（一六七三〜八一）の頃には相当の部分が埋め立てられている。埋め立ては江戸時代のあいだずっと続いた。ちなみに地図は西を上に、東を下にして描かれている（当時の江戸の地図の多くはそうやって描かれていた）。つまり川は地図の上から下へ向かって縦に一直線に流れているように見える。だから小名木川の北を平行に流れている竪川《たてかわ》（一部暗渠）は「縦」が語源である。

庶民の町を流れる人工河川

この運河を使って年貢の米はもちろんのこと、関東各地から醬油《しょうゆ》、酒、干鰯《ほしか》、そして塩が運ばれた。小名木川の川沿いといえば江戸時代からの下町という印象が強い。深川丼で知られる深川はその典型といってもいいだろう。そのあたりは大工町《だいくちょう》と呼ばれ、船大工が多く住んでいたようだ。庶民の町といえるだろう。さらに東の川沿いには大名、旗本などの下屋敷が続いていた。ただ、明治初期の地図（東京時層地図）を注意深く見ていると、川から少し離れるとかなりの部分が田んぼだったことがわかる。「田」「新田」という文字がいくつも続く。気になるのは「出村」という表記が目につくことだ。「中之郷出村」「亀戸出村」「深川出村」「北本所出村」「南本所出村」といったものがある。いずれも旧来の本村からそこへ集団で移住し、新たに開墾された村だ。

二重の地盤沈下

私はまず小名木川の中程にある扇橋閘門《おうぎばしこうもん》へ向かった。閘門というものに馴染みがないし、その存在が気になったからだ。閘門を簡単に説明すればパナマ運河みたいなものだ。パナマ運河は両側の水位が違う区間に船を通すためにその両側を堰き止め、船の進行方向の水位に合わせてから門を開けて船を通す。そのことは理解している。

ではなぜ東京にそれに似たものがあり、必要なのか。パナマ運河が存在するのは太平洋と大西洋を結ぶ途中で「山越え」をする必要があるからだ。

では狭い東京の河川でなぜ、水位が違うのか。単純な疑問の答えは簡単なようで、複雑だ。扇橋閘門を境に西と東では水位に三メートルほどの違い（荒川、隅田川より）があるといわれている。三メートルといえばかなりの高低差で、滝が存在してもおかしくない。

人為的な理由、それも公害問題がこの陰にある。明治以降、不用となった大名屋敷がそのまま工場地帯に転用されたという歴史がある。屋敷の背後が田園だったことも関係があるのだろう。都心に近く、物資を運ぶ運河といった条件もすでに揃《そろ》っていた。

そのため大正時代に工業地帯となり、戦後の高度成長期まで大量の地下水を汲み上げたことを原因に地盤沈下が起きた。このあたりは精製糖工業、民営製粉、化学肥料などの発祥地として知られている。河口付近の荒川、隅田川の水には海水が混じるので、工業用に使えないという事情があったし、水利権の問題などから地下へ水を求めるようになった。さらにその過程でメタンガスを掘り当て、「東京ガス田」と呼ばれるまでになった。地盤沈下はさらに進んだ。つまりふたつの資源を短期間に地下から奪い取った。考えてみれば、それだけのことをして、地盤がそのままであり続ける方が無理である。ちなみに東京都は昭和四七（一九七二）年に企業からガス鉱業権を買収した。

地盤沈下はもっとも激しいところで四メートルを超え、ゼロメートル地帯が生まれたのだが、正確にはゼロメートルをはるかに超えたマイナス三メートル地域さえ存在する。東京湾の干潮時より海抜が二メートルほど低くなる。そのため洪水などの災害を防ぐために扇橋閘門から東の水位を最大で三メートル下げることができる。つまり船を通すために開閉可能な閘門は存在するが、本来の目的は水位の高い外から水が流れ込まないようにして、災害からこの一帯を守

閉鎖中

停止線
後扉

るためのものだ。

西の扇橋閘門に対して、東側にも閘門が存在する。片側だけでは当然ながら低い水位を保てないからだ。小名木川の東側は旧中川と合流している。さらに旧中川は荒川と合流することになるのだが、合流地点には荒川ロックゲートという閘門が存在する。これは荒川の水位の方が高いためだ。

江戸の三大河川は、ほぼ人工河川

江戸時代に開削された小名木川は、その後、人工物によってその流れを堰き止められていることになるが、考えてみれば荒川ロックゲートの向こう側を流れる荒川（正しくは荒川放水路）もそもそも人工の河川である。昭和の初めまで荒川の下流部が隅田川であったのが、大正二（一九一三）年に洪水を防ぐ目的で放水路がつくられることになった。明治時代の大きな洪水被害がきっかけだ。放水路の始点は埼玉県と東京府の境、川口付近。完成したのは昭和五（一九三〇）年。一七年の歳月をかけて行われた大工事である。もちろん、新たな沿川となった地帯には人が住んでいた。古い地図を見れば、小さな村が点在している。

それ以外にも現在、千葉県の銚子から太平洋に流れ出している利根川は江戸初期まで東京湾に流れ込んでいたのが、徳川三代によって流れを矯正された歴史を持つ。理由はやはり度重なる洪水を防ぐためだといわれている。ちなみに江戸川は利根川を分離することで、新たに生まれた川である。考えてみれば不思議である。東京の東を流れる大きな川といえば、江戸川、荒川、隅田川が頭に浮かぶが、そのうちのふたつは人工の河川なのだ。

十字に交わる川と川

そんなことを考えながら、目の前の水の流れに目をやってみる。当然ながら、水面は平らだ。地上より川の方が高い位置を流れている。海より低い地点に自分が立っているとは思えない。この水面は海抜より一メートルほどは低いことになる。それだけ低いということは海へ流れ出すことができない川ということだろうか。そんな川がそもそも世界中にどれほど存在しているのか。考え出すと、頭がクラクラしてくる。わかることよりわからないことの方が多い。この疑問は誰に聞けば解決してくれるのだろうか。

流れがどちらからどちらへ向かっているのかを知りたくて、凝視してみる。すると東の方向からボートに乗った一団が現れた。競技用のそれのようで、どうやら練習をしているようだ。どちらが上流だろうか。無意識にそんなことを考えているが、そもそもこの川に上流も下流も

クシー乗務員大募集！
24時間受付中
大和自動車交通株式会社

存在しないはずだ。はじめてそのことに気がついた。

私は東の方向へ歩き出す。小名木川クローバー橋に着く。横十間川《よこじつけんがわ》と小名木川が交差している地点だ。横十間川の「横」は竪川の「縦」に対し、江戸の地図では横に描かれることに由来するはずだ。それにしても川が十字にクロスすることは自然が形成する河川ではありえないだろう。

当然ここにも流れはない。あたかも人工物であることを誇示しているかのようだ。江戸の時代、この川はどちらからどちらに向かって流れていたのか。南側を見てみると、橋がかかっていて、その下に水門のようなものがあり、そこから水が噴き出している。泡が立っている。明らかに人工の力によるものだ。これは横十間川水門だ。橋の向こうは水を利用したアスレチック施設となっている。本来の水の流れは逆だろう。南側が東京湾だからだ。それがより水位の低い北側へ水が押し出されている。

私はさらに東へ向かう。進開橋の上に立ち、橋の真ん中に三脚を立てる。橋は道路よりかなり高い場所にある。丘の上という印象だ。このあたりではどこでも、橋がかならず道路より高い位置にある。川はまっすぐに東へ続いている。かつてここを多くの船が行き交ったはずだ。そのことを想像してみる。人々の声を想像してみる。でもそれはたやすくはない。

私がこれまで訪ねた地はすべて、遠い過去の記憶の痕跡がそのまま地形に反映されていた。その痕跡を発見することに醍醐味《だいごみ》があった。足元の岩や土石がどう削られ、どう流されたのか。それを見つけたときにカメラのシャッターを切ってきた。面影、痕跡を見つけることが喜びだった。それが地形散歩の楽しみといえるだろう。

しかし、ここにはその片鱗《へんりん》はほとんどない。見渡す限り人工物である。何より一見、地盤沈下をまったく感じさせないことが驚きでもある。記憶喪失者のような地といったら、言いすぎだろうか。

だが逆に、水の存在を東京のどこよりも強く感じさせる土地ともいえるだろう。地盤沈下も含めて水に翻弄された地だからだ。このあたりは江東デルタ地帯と呼ばれるが、それゆえのあやうさを感じさせもする。水と陸の境目が曖昧で、儚《はかな》いとでも言えばいいだろうか。そのあやうさをコンクリートと閘門でかろうじて堰き止めているのだ。

やがて小名木川が旧中川にぶつかる地点へ辿り着いた。ここで小名木川は終わる。目の前に旧中川が横たわっている。両側をコンクリートで覆われていた川は意外にも、ここで草はらの河原に変わった。両側がマンションばかりだった風景も大きく変わる。対岸が草に覆われた土手であることも大きい。ふと江戸時代の面影を残しているのかもしれないと考える。かつては

小名木川を直進する船堀川が存在した。だからここも十字路だったのだが、現在その川はない。それでも歌川広重が描いた「名所江戸百景　中川口」を見ると、驚くほどにその雰囲気が残っている。痕跡のようなもの。風の通りがいい場所だ。それを広重が描いた一枚からも感じ取ることができる。驚きだった。

〈解説〉「本邦初」が目白押しの土地

今尾　恵介

川と名が付いてはいるが、小名木川は人工的に開削された運河である。完成は徳川家康が江戸に入った天正一八（一五九〇）年から慶長年間のあいだで、江戸の安全保障のため、これも家康がつくらせた行徳塩田の塩を江戸まで安定的に運ぶための水路としてつくられた。全長は四・八キロで東西方向の直線運河である。東端は旧中川に接続され（現在の荒川は大正末に放水路として開削）、そこから同じく人工水路の新川を経て旧江戸川に繋がれていたため、一度も外海に出ずに江戸～行徳間を結ぶことができた。江戸の人たちが成田山詣でに行く際にも船で行徳へ出て、そこから徒歩で成田を目指すコースが好まれたという。

小名木川はこれを直交する大横川や横十間川などとともに江戸運河網の一部を形成し、当然ながらトラック輸送の存在しない明治期に入ると、各種の近代工場が進出するための不可欠な交通インフラとして重宝された。このためセメント工業発祥の地（現清澄）、精製糖工業発祥の地（現北砂）などの「本邦初」も目立つ。

原材料や製品を運べる運河が縦横に走るこの地のアドバンテージは大きく、これらの運河沿いに集中して進出した各種工場が工業用の地下水を大量に汲み上げることにより、大正初期から地盤沈下がすでに始まっている。第二次大戦の終戦前後は工業生産が落ち込んだために地盤沈下も一段落したが、高度成長期からは再び激しさを増していった。

試しに一万分の一地形図「深川」の大正四（一九一五）年修正で小名木川沿いを見ると、明記されているだけで西から尼崎紡績、東京堅鉄、日本製粉、安田製釘所《せいていじょ》、東洋製氷、セメント製造所、瓦斯《ガス》製造所、東京人造肥料、鈴木鉄工場、日東醬油、製糖場、帝国製粉、富士瓦斯紡績、日本製粉分工場という具合に並んでいる。横十間川より東側はまだ郡部で、少し裏側に回れば田んぼだった頃にこの状況だ。帝国製粉の工場から南へ六〇〇メートルほどくだった地点で大正期に〇・七メートルとある地点は、現在マイナス三・四メートルにまで低くなっている。

さすがにこれを放置することはできず、昭和四七（一九七二）年に地下水汲み上げ規制を行うなどした結果、その後の沈下は止まっている。しかしここまで周囲が低くなると小名木川の水位が常時数メートルも高いことになり、防災の観点からこれを是正すべくつくられたのが一つの閘門（扇橋）と三箇所の排水機場で、特に地盤の低い扇橋以東の運河の水面を一〜二メートルほど低く保っている。

第一〇章　映画の聖地と縄文海進

四谷・鮫河橋《さめがはし》谷

かつて二年間ほど四谷に住んだことがある。十数年前のことだ。当時、私は四谷四丁目で写真専門のギャラリーを運営していたからだ。準備期間中は雑用がこれでもかと押し寄せてきて想像を絶した忙しさだった。四谷を選んだのは新宿から四谷にかけては、どういうわけか写真のギャラリーが点在している場所だったからだ。明確な理由はわからないけど、新宿を中心（被写体）とする文化が日本の写真界にはあって、そのことと深く関係があるのだと思う。だから写真家自身がギャラリーを設立するのもこの界隈《かいわい》に多く、それは自主ギャラリーと呼ばれていて、私もそれに近いかたちのものを始めたのだ。

当初は中野のアパートからそこまで通っていたのだが、往復の時間も惜しくなり、さらに費用が想像以上にかさんだので家賃を節約するためにもギャラリーから歩いて五分ほどの狭くて古いアパートへ引越した。

中央で谷が枝分かれして刻まれた付近が若葉。数え方によっては「4つの谷」にも見える。この谷の水が流れ込む先は東宮御所方面。
1:25,000デジタル標高地形図「東京都区部」

住み始めて気がついたのだけれど、四谷界隈は江戸の面影を色濃く残していた。半蔵門から始まる新宿通り（国道20号）はほぼまっすぐに新宿御苑へと続く旧甲州街道である。その途中、現在のJR四ツ谷駅付近には城内への出入りの見張所である四谷見附、さらに四谷四丁目の交差点あたりには江戸への出入りを取り締まった四谷大木戸が存在した。江戸の内であり、かつ江戸城の端だったことになる。

渋谷川の章で触れたが、四谷大木戸はかつて玉川上水が江戸へ入ってくる地点で、ここから市中へ枝分かれしていった。ちなみに前述の通り大木戸から半蔵門への道はほぼ一直線である。江戸城へ向かって水がこの尾根を流れていたことは容易に想像がつく。

尾根の上の住宅密集地

住んでいた頃「四谷に住んでいます」と言うと、「えっ、あそこに住むところなんてあるの？」と驚かれることがたびたびあった。私も住むまで似たような印象を持っていて、確かに新宿通り付近を歩いている限り、両側はビルばかりで、とても住むところなどなさそうに映る。しかし、一歩裏へ入れば住宅地が密集し、延々と続いている。アパートの近くのお寺（安禅寺）に「たんきり子育地蔵尊」なるものを見つけて、途端に江戸時代にタイムスリップした気分にもなった。

四谷三丁目から少し東へ行った四谷二丁目あたりの新宿通り沿いに立ち、道の両側を注意深く観察すると、この道路が確かに尾根の上であることがよくわかる。道の南北の両側が下り坂となっているからだ。

まずその南側に目を向けてみよう。地図を注意深く見ると谷が四つほどあるのがわかる。四谷という地名の由来はいくつもあり、これに由来しているかは不明のようだ。正確には谷というには大げさな気もするが、かなりの窪地だ。赤坂川とその支流が膨大な時間をかけて谷を削った跡だ。

土地の霊には逆らうな

私はまずその四つの谷へ信濃町《しなのまち》駅のすぐ脇から向かった。信濃町駅は武蔵野台地の上に位置しているのだが、改札を出て左側へ折れてそのまま回り込むかたちで急な坂となる。坂をくだるとかつて鮫河橋《さめがはし》という橋がかかっていた場所に出るのだが、手前の信濃町駅の急坂をくだったところから線路で分断された北側までは千日谷と呼ばれている。そのため中央線も首都高も谷の上の高架を走っている。それによって谷は分断されている。住所でいうと新宿区南元町《みなみもとまち》あたり。明治から戦前までの地図にはこの谷の一番奥まったところに池の印がある。源は湧水だろうか。その後の地図からはすっかり消えている。

私は気になってその池のある場所へ向かってみる。首都高の高架下を進むと中央線が走る盛土に開いた制限高3・3Mと書かれた細いトンネルがある。人通りはほとんどなく、地元の人だけが利用するものだろう。脇に「第2号南鮫ヶ橋通ガード」という表示を見つけた。車がやっと一台だけギリギリ通れそうな通路を抜けると、そこは住宅街だ。

さっきまでの坂の上とはあまりに雰囲気が違う。下町的という表現が適しているのかわからないが、時が止まったような感覚。神宮球場や神宮外苑までも歩いてすぐの距離だ。でもまるでそう感じさせない。池は当然ながら、どこにもない。ここだと確かなところを特定できなかったが、住宅の下に眠っているはずだ。

ほとんど人影のない住宅街の道を歩いていると、どういうわけかゲニウス・ロキという言葉が自然と頭に浮かんだ。日本語では地霊と訳されることが多いが、ラテン語で守護霊をあらわすゲニウスと場所、土地をあらわすロキが語源だ。辞書によれば「どの土地（場所）にもそれぞれ特有の霊があるから、その霊の力に逆らわず建物を建て、地域開発をすべきだという考え方で、18世紀のイギリスで生れた。その土地の風土、固有の歴史などを十分に尊重することが、すぐれた景観を生むという思想」(『ブリタニカ国際大百科事典　小項目事典』)とある。

潮干狩りの縄文人、君の名は?

赤坂川の本流との合流部分へくだり、今度は東へ歩く。当然ながら、歩いていてもどちらが下流で、どちらが上流なのかはわからない。あまり高低差がないし、建物が密集しているからだ。

少し行った左側には別の谷がある。その方向へ進んでみる。明治初期の地図を見ると、ここにも池が描かれている。それもひとつではない。緩やかな谷全体がいくつもの池で埋め尽くされているといった方が正しい。沼地だったのかもしれない。明治終わりの地図にはなくなっているので、埋め立てたのだろう。

また赤坂川の本流である通りに戻り、少しだけ北へ向かうと、また別の谷が現れる。この谷の方が先ほどのものより両側が険しい。行き止まりは若葉公園だ。児童公園といった趣だが、意外なほど緑に囲まれている。

私はここが海だった時代を想像してみる(東京湾の入江がここまで達していたという説がある)。意外と容易で、入り江でシジミやアサリ採りをしている縄文人の姿が自然と浮かんでくる。そんな名残を感じさせる（錯覚ともいえるが）地形をしている。

私は北側の階段を上がった地点にカメラの三脚を立てる。お寺が驚くほどに密集している地点で、この斜面には四つのお寺がある。少し離れたところにはさらに別のお寺も存在している。江戸時代に大火により別の場所から強制移転させられたからだという。

南向きの斜面だけに日当たりは抜群だ。細い道を挟んだ向こう側は墓地で、斜面には多くの墓標が正面からの光を受けて眩しい。お寺の建物は斜面ではなく一段高い平らなところに位置しているようだ。

私は再び赤坂川の本流へ戻る。正しくは先ほどの通りへ。さらに北へ向かう。通りは左へ緩やかに蛇行している。通りそのものが川の流れだったことを想像させる。しばらく行くと、今度は右へ。緩やかなS字カーブになっている。こんなふうに蛇行している道は、かつて川が流れていた痕跡である場合が多い。暗渠になっている道がその形状をしていることもよくある。この道は明らかにそのことを無言で伝えている。

小さな商店街を抜けると、またお寺が出現する。今度は両側だ。ふと墓ノ谷なんて呼びたくなってくる。左側に急な階段が見える。かなり急だ。須賀神社の参道で坂の上に須賀神社があるのだが、映画「君の名は。」である日突然、聖地となった。階段の途中で主人公の男女二人

がすれ違うシーンがある。実際は映画ほど遠くまで視界はひらけてはいない。冷静に考えてみれば、上京したばかりの女子高生がおよそ通らない坂である。

その階段を左手にしながら、そのまま通りを進むと次第に坂が急になる。道路の左側が円通寺で、この付近が赤坂川の始まりといわれている。坂を上り切ると視界が開けて、甲州街道（新宿通り）の尾根に出る。振り返って谷底を改めて見ると、なんだかずいぶん遠くまで旅に出ていたような気持ちになった。

〈解説〉冷たい湧水と四つの谷

今尾　恵介

鮫河橋という地名は知る人ぞ知る江戸期からの通称地名で、かつて四谷の谷間を南流してきた細流を渡る小さな橋より名付けられたという。鮫河橋の由来には珍説を含めて諸説あるが、その中で『大日本地名辞書』の著者・吉田東伍《とうご》が「鮫とは冷水《さみず》の約なるべし」と、冷たい湧水に由来するとした説明は納得できる。

明治一七（一八八四）年に測量された「五千分一東京図測量原図」（復刻）によれば谷間にはおおむね家が建ち並び、一部は水田や池であったことがわかる。その両脇の台地の上は寺院や茶畑といった土地利用だ。谷間と台地上の標高差は一〇〜一五メートルほどにも及ぶ。かつては谷の部分がおおむね鮫河橋谷町《たにまち》（明治四四年から単に谷町）であったが、太平洋戦争中の昭和一八（一九四三）年に台地上の南伊賀町《みなみいがまち》や仲町《なかちょう》と合併して若葉という「瑞祥《ずいしょう》地名」に変わって現在に至っている。

谷は下末吉面の淀橋台を長年かけて小川が侵食して深く穿《うが》たれたもので、新宿区内の南側から遡ると、谷が四つに分かれているので「四谷」を実感しやすい。しかし梅屋・木屋・茶屋・布屋という四軒の茶屋が四ツ屋と称し、それが転じた説などもあるので断定はできない。この谷は信濃町駅から四ツ谷方面行きの中央・総武線各駅停車に乗って車窓左手に注意していると、周囲が突然低くなって谷を俯瞰できるが、その後すぐに新御所トンネルに入る。凹凸の大きな一帯の地形を実感できる瞬間だ。

反対側の車窓は首都高速道路がぴったり沿っているのでわかりにくいが、この谷の続きは東宮御所のある赤坂御用地で、かつては紀州徳川家の広大な上屋敷であったところ。御所の北側には今も「鮫が橋門」があり、鮫河橋の地名をしのぶ貴重な存在である。その門前にある南元町という町名は、元鮫河橋南町と元鮫河橋町がそれぞれ明治四四（一九一一）年に改称した南町と元町を昭和一八（一九四三）年に合成したものだ。

第一一章　湿った土地に集う人々

四谷・荒木町

再び新宿通りに立つ。次に新宿通りの北側へ向かう。かつて私が住んでいたのも同じく北側だ。四谷三丁目の交差点から新宿通りを少しだけ新宿方向に進んで、最初の路地を右折して一〇〇メートルほど奥まったところにある四階建ての古い鉄筋の集合住宅。荒木町へ足を踏み入れる前に、久しぶりに立ち寄りたくなって訪ねてみた。

はじめて不動産屋に案内されたとき、真偽のほどはわからないが、このあたりで一番古い鉄筋コンクリートの建物で、同じくこのあたりでマンションという名前がつけられた最初の建物だと説明された。「テレビ局に近いから、昔は芸能人も住んでいた」というのだ。建物はかなりくたびれていたのでにわかには信じられなかったが、ドアの下の方に猫の出入り口のようなものがついていていて不思議に思って訊ねると、かつて、「牛乳配達の人がここから牛乳瓶を入れていた」とのことだった。

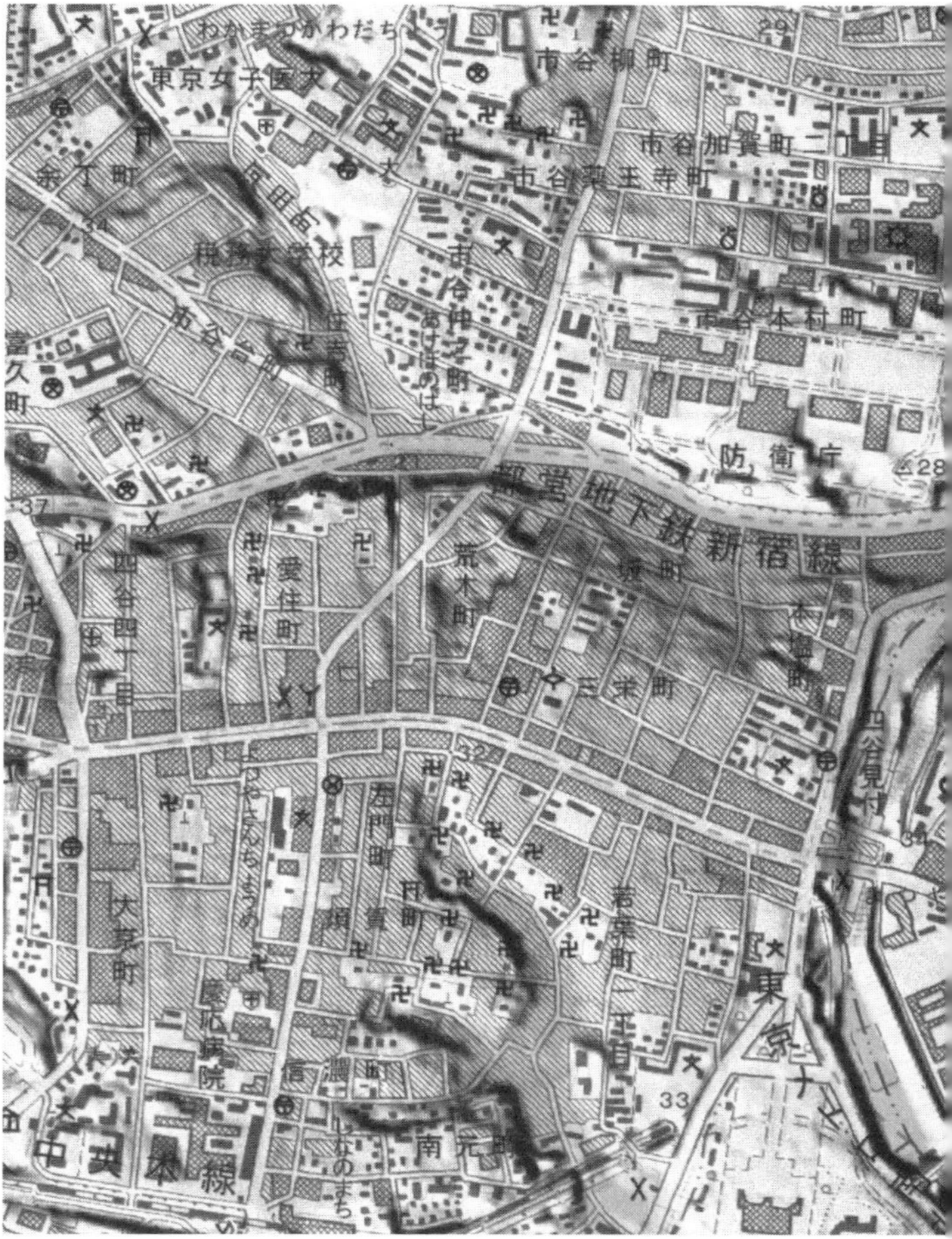

外苑東通りが靖国通りから甲州街道（新宿通り）へ上がる途中、図の中央付近が純粋な窪地で知られる「スリバチの聖地」荒木町。
1:25,000デジタル標高地形図「東京都区部」

ここから引越してすでに十数年が経っているが、通りの雰囲気も建物自体もほとんど変わっていない。その建物をすぎて、路地をさらに進むと安禅寺というお寺がある。道路に面して「たんきり子育地蔵尊」というお地蔵さんがあって、それも当然変わっていなかった。

「たんきり子育地蔵尊」は住んでいた頃から気になる存在だった。門前の案内には江戸時代初頭まで遡ることが記されている。寛永一一（一六三四）年、安禅寺が江戸城拡張のために和田倉門付近（大手町）からここへ移転したときに、お地蔵さんも同時にここにやって来たようだ。はじめて目にしたとき、大げさだが江戸時代の人たちが見ていたのとまったく同じ風景を自分もたった今見ているという感覚が湧き、急にこの地のことが好きになった。

それにしても痰《たん》を切ること一点に絞られているのが興味深い。おそらく喘息《ぜんそく》と関係があるのだろう。江戸時代、喘息はかなり深刻な病気だったのだろうか。私は子供の頃、小児喘息の気があったので、そんなことをついつい考えてしまう。今のように気管支炎の拡張剤などないのだから。このお地蔵さんの前に遠い昔、喘息の子供を背負った母親が祈願する姿があったのかもしれない。それを想像することはそう難しくはない。ちなみに鮫河橋にはせきとめ稲荷、せきとめ神がある。

住んでいた部屋はとにかく狭く、学生時代に逆戻りしたような狭さに落胆はもちろんあった

が、このお地蔵さんに出会ったあと「自分は江戸市中の長屋に住んでいる」と思うようにした。するいと急に楽しくなって、何より同じ風景が違って見えだした。

ほかにも実際に江戸を濃厚に感じる場面に時折遭遇した。四谷三丁目の交差点近くにあるスーパーマーケットの丸正《まるしょう》食品総本店前のお岩水かけ観音。かなり目を引く存在なのだが、あの四谷怪談と深く関係している。

はじめてのボトルキープ

住み始めてから頻繁に荒木町に足を踏み入れるようになった。もちろん夜だ。坂の途中、通りの両側にぎっしりと小さな飲み屋が軒を連ねている。さらに路地の先にもそれは続く。あたかも迷路のようで、何かに抱かれているという感覚があり、妙に落ち着いた。坂をくだっていると次第に空気が濃密になっていく感覚を覚えるのだ。窪地にいろんなものが堆積しているかのようで、だから夜とか闇とか欲望、お酒といったものと相性がいい。

新宿通りの向こう側は墓地ばかりが目についたが、それに対してこちら側は日が落ちてから生者が死者のような顔をしてひっそりとお酒を飲んでいる印象がある。

中沢新一氏はその著書『アースダイバー』のなかで高台は「乾いた土地」で、そこから続く坂の下は「湿った土地」だと表現している。さらに「湿った土地」は花街や歓楽街になっていることが多いとも記している。荒木町もその例にもれない。付け加えれば、新宿の歌舞伎町もかつて沼地や池だった。

私がはじめてボトルキープなるものを体験したのも荒木町だ。ただし居酒屋でもバーでもなく、ちゃんこ鍋屋。最初は偶然入ったにすぎないのだが、美味《おい》しかったのでそれから頻繁に通うようになり、次第におかみさんと仲良くなった。こんなことは私の場合、かなり例外的なことで、お店の方と仲良くなるという経験がほとんどない。理由は私が人見知りだからかもしれないが、どういうわけかここだけは違った。

誰かを誘って行くこともあった。すると多くの人が「おばあちゃんち」みたいという共通の感想を口にした。ごくふつうの民家みたいな感じだったからだろう。

最初に足を踏み入れたときから気になっていたことなのだが、大相撲と自衛隊のカレンダーが無造作に店内にいくつもかけられていた。その年のものだけでなく、過去何年分もその状態でかけられていたから、インパクトが大きかった。大相撲のそれが多いのは想像がついたが、どうして自衛隊のものが大量にあるのかは当初謎だった。次第にお客さんに自衛隊関係の人が多いことがわかってきた。市ヶ谷の防衛省が近いのだ。

「見えない地図」からわかること

荒木町へ向かうには四谷三丁目、あるいは四ツ谷駅を使ってという印象が強いのだが、実は都営地下鉄線の曙橋《あけぼのばし》からもかなり近い。少なくとも四ツ谷駅よりもずっと近い。こじつけかもしれないが、水の流れからいえば曙橋─荒木町ラインで考えた方がよっぽど自然だ。水の流れをかつての人の流れと考えて間違いないから、鉄道駅ができる前にそんな人の流れがあったとしても不思議ではない。

普段、私たちは公共交通機関や駅を中心に街を考える癖がついてしまい、地形や、高低差を頭に入れながら歩く場面はほとんどない。時にはそれらの存在を取っ払ったところで考えてみることが大事だ。防衛省も水の流れでいえば下流にあたる。地図を見てみれば、上流下流で繋がっていることに気がつく。それは脈々と続く水の流れだ。おそらく人もこの沢筋を頻繁に歩いていただろう。ちなみに近くに津の守《かみ》坂という名の坂が現在あるが、それは摂津守《せっつのかみ》に由来している。その坂下が防衛省である。その坂を上って自衛官があの店に通っていたといえる。見えない地図の存在が確かにある。

よく通ったちゃんこ鍋屋だが（とはいえ春から夏にはほとんど行かず、もっぱら寒い季節のみ）、ある時、予約の電話をすると突然繋がらなかった。お店を直接訪ねると明かりが消えていた。おかみさんに何かあったのかと心配だったが、お店以外の連絡先を何も知らないので、それっきりとなった（この原稿を書くために改めて調べてみると、他の場所で復活していた）。

「湿った土地」の底

車力門通りのクランクになったあたりに金丸稲荷神社という神社がひっそりとある。私は時折、その近くの店へも足を運ぶ。知人に紹介された店で、美味しいワインとチーズを出してくれるこぢんまりとした店だ。明治初頭の地図を見るとその神社は池のほとりにあたり、お店は池の端か池の中だとわかる。そうとは知らずに池の底で飲んでいたのだと思えば、おかしくなってくる。

そもそもは紅葉川という川が削った谷で、このあたり一帯は天和《てんな》三（一六八三）年に美濃《みの》の高須《たかす》藩主松平家（初代藩主松平摂津守）が上屋敷とした地にあたる。その際に藩主の守護神として金丸稲荷神社が設立された歴史を持つ。おそらく現在、神社がある場所も屋敷の一部だったのだろう。

同じ地図を見ると、池がかなり大きいことに驚く。屋敷内につくられた日本庭園の池だ。池

はふたつあって下流側の方が大きい。紅葉川の下流部を堰き止めた一種のダムみたいなものだ。もともとの川を利用して池をつくったことになる。これは内藤家の屋敷だった新宿御苑に現存する庭園の池が同じく自然の川を堰き止めてつくられたのと同じ方法だろう。

ある晩、私は金丸稲荷神社近くのその店を出て、神社の右側へ折れる坂をくだってみた。人しか通れない階段状の道だ。酔っ払っているからか、ふと巨大な器の底に落ちていくようで心地よかった。やがて、小さな祠が目の前に現れた。津の守弁財天という。よく見るとすぐ脇に池が闇に沈むようにあった。背後はかなり急な斜面のはずだ。池の水はそこからの湧水であろうことは容易に想像がつく。池の名は「策《むち》の池」という。確かに「湿った土地」の底に辿り着いたのだと思えた。

「策の池」の名の由来は、徳川家康が鷹狩《たかが》りの際にここで策（ムチ）を洗ったからだといわれている。ふと既視感を抱いた。どこかで似たような風景に出会ったことがあるからだ。どこだっただろうか。少し考え、以前、赤羽で弁財天と脇の池に出会ったことを思い出す。考えてみれば、あそこも確かに谷の底だった。

〈解説〉スリバチの聖地

今尾　恵介

本書の項目の中で、川ではなくて狭いエリアの町名を取り上げるのは不自然かもしれない。しかしこの荒木町は、地形の凹凸を楽しむ「東京スリバチ学会」のメンバーに言わせれば「聖地」なのだという。なぜかといえば町が純粋なスリバチ形をしているからだ。

スリバチというのは当然ながら丼のように真ん中が窪んでいるので、実に純粋な窪地である。ところが一般的な地形だと、スリバチ状に周囲を囲まれた土地であれ、どこかへ水が流れていく「出口」があるものだ。純粋なスリバチ地形を強いて挙げるとすれば、石灰岩地形の漏斗状の窪みであるドリーネ（ここで吸い込まれた水が地下の鍾乳洞に垂れる）、また台地の上で「トゲ」の付いた凹地等高線で表現される微妙に低い純粋な窪地もあるが、それを除けばはっきりした純粋スリバチ地形は滅多にない。

種明かしをすれば、かつてその谷の出口に堤が築かれたことで純粋なスリバチとなったそうだが、谷の狭さや土地利用の独特な状況があいまって、昔から「異界」的な空気を漂わせている。場所は甲州街道（新宿通り）が東西に走る四谷の台地の北側で、台地の街道とは対照的に紅葉川の谷を東西に結ぶ靖国《やすくに》通りとの中間にある。台地の北端に入った狭い谷間で、この谷沿いにはかつて美濃高須藩（高須は現岐阜県海津《かいづ》市）の松平摂津守《せつつのかみ》の上屋敷があった。荒木町はそれに周辺の武家地を加えたエリアで、現在の「津の守坂」の別名、荒木（新木）坂にちなんで明治五（一八七二）年に命名されたものである。

一帯はいわゆる花街で、明治期の街並みの様子を知るのに最適な『風俗画報』（明治二二年〜大正五年）によれば「域内東方は窪然《わぜん》たる凹地にして、其の西側に懸瀑《けんばく》あり。之を津守《つのかみ》の瀑《たき》といい、瀑泉の注ぐ処即ち池なりしが、今や懸瀑は撤去せられ、其の跡に石垣を築き居れり。（中略）明治八九年の頃は、池の周囲は遍《あまね》く茶店にて、桜花満開の候涼月清風の際は、絃歌沸くが如くなり」と大名庭園跡の様子を描いている。

第一二章　意識にのぼらない、しかし長い

石神井川

恥ずかしながら石神井川はその名前から石神井公園（練馬区）のあたりから流れている川だとずっと思い込んでいた。いや、それ以前にどのあたりをどんなふうに流れ、どこで終わっているのかなどを深く考えたことはなかった。東京に長く住んでいるというのに、これはどういうことか。いや、この感覚は私だけではないだろう。自分が暮らしている生活圏内だったらまだしも、少し離れるとまったく眼中に入らなくなる。

生活するなかで意識にのぼらなければ、存在しないも同然となる、と言ったら言いすぎか。

地図を見てみれば、石神井川はけっして石神井公園から流れていない。石神井公園はあくまで川の中流である。始まりは小金井公園付近。小平市の花小金井駅南方の小金井カントリー倶楽部付近から流れている。神田川、善福寺川、妙正寺川と同じく扇状地の途中から湧き出た湧水である。それらの川のなかで石神井川がもっとも長い。

京浜東北線の線路沿いにまっすぐ延びる日暮里崖線と、ある時代にそれを突き破って東流した石神井川。この川の旧河道は広い谷として残る。
1:25,000デジタル標高地形図「東京都区部」

川の終点は王子駅をすぎて一・一キロほど先。隅田川にぶつかったところで終わる。王子駅付近はすでに第六章で触れた日暮里崖線の地点と重なる。石神井川も崖線と密接に関係している。

王子駅付近の地形を注意深く見てみれば、かなりミステリアスだ。石神井川はクネクネと折れながらもおおよそ東へ向かって流れ、日暮里崖線を横切って隅田川へ至るのだが、川の両側の日暮里崖線は川より標高が高い。実際に流れの右側には飛鳥山《あすかやま》が立ちはだかるようにある。だから、日暮里崖線の間を通る川があたかも人の手によって切り開かれた切り通しのように映るのだ。

ただ、より注意深くこのあたりの標高差に注目してみれば、人の手によって流れを変えられたのではないことがわかってくる。そもそも、川は日暮里崖線を越えられずに南東の方向へほぼ直角に折れ、上野へ向かって流れていたはずだ。その流れは谷田川、下流では藍染川と呼ばれた旧石神井川で、不忍池あたりで海へ流れ込んでいた。それが長い時間をかけて水は直進しようと抵抗し続け、少しずつ台地を削り、あるとき突破して現在のかたちになったと想像できる。

マイナスイオン

王子駅から少し上流へ行ったあたりに飛鳥山の一辺を侵食した名残がある。深い谷で、あたかも渓谷のようだ。正面突破に成功した水の流れはさらにそれを確かで不動のものにするために谷を深く削り、滝野川の渓谷をつくりあげた。

現在その一部が「音無親水公園」と呼ばれる公園になっていて、実際にそこに立つと確かに渓谷という名がふさわしく感じられる。鬱蒼とした特別な地であったことは容易に想像がつく。ただ現在本来の機能は失っている。「飛鳥山分水路」というトンネルが飛鳥山と王子駅のホームの下を通り、川の流れはそちらを通っているからだ。

それでも人工的につくられた渓流に余興のような水の流れがある。あたかも自然の渓谷、岩場のように見えるが整備されたものだ。いつの日か、また自然のままに水がこの谷を削ることはあるだろうか。想像してみる。一〇〇〇年後、二〇〇〇年後にそんなことがあっても不思議ではない。未来にどんな天変地異があるかは誰にもわからない。水はどれほどの時間を経ても不老不死なのだから。

私はカメラを何に向けるべきか迷った末、アーチ状にかかる音無橋に向けてみる。巨大だ。

かなりの高低差であることが一目瞭然だ。撮影を終えると三世代の家族が現れた。おばあちゃんにその娘夫婦といった感じのカップル、そして小学校に上がる前とおぼしき男の子が一人。みんなでしばらく飛び石状に置かれた石の上を歩いたりしたあと、傍でお弁当を広げた。ほのぼのとした雰囲気だ。しばらくすると男の子のお母さんが立ち上がり、両手を広げて背伸びをして目を閉じた。

「マイナスイオン！　マイナスイオン！」

唐突にそう呟いた。さらに上を向いて深呼吸した。気持ち良さそうだ。息子にも同じ格好をするように強制し始めた。

「ほら、マイナスイオンが出ているから……ああ、気持ちいい……」

本当にそれが発生しているのか。自然の滝などでそれが発生することは知っている。八ヶ岳山麓の滝へ行ったとき、それが測定できる機械が脇に据えられていたのを思い出す。だからというわけではないが私の感想では、残念ながらたった今、ここではマイナスイオンは発生していない。

いや、正しくは本当の渓谷だった頃は発生していたかもしれない。もしかしたら、この女性はその時代のことを言っているのか。そう一瞬考えたが、その可能性はかなり低い。すると、ちょっと虚しく寂しい気持ちになった。急に命を抜かれてしまった川に思えてきたからだ。

宅地になった入り江

私は上流を目指した。しばらくコンクリートの高い壁が続き、それを通り過ぎると、やっと川面が見えた。とはいえ三方をコンクリートに囲まれている。

しばらく行くと小さな公園があった。音無さくら緑地。かつて蛇行していたUの字形の川の流れをそのまま公園にしていて、名残を積極的に残している。興味深い。

明治初期の地図を見てみると、確かにこのあたりで川は大きく蛇行している。時代を少しずつくだりながら確認してみると、昭和三〇年代の地図でも蛇行したままだ。それが昭和終わりの地図ではまっすぐになっている。

私は下流側から公園に足を踏み入れた。向かって左側が崖状になっていて、かつての流れの外側にあたる。つまり川の流れによって削られた跡が、そのまま露出している。高さは五、六メートルほどあるだろうか。足元には小川が流れ、見上げた台地の上には家が見える。斜面もだが、公園全体に緑が生い茂っていて気持ちがいい。小川は湧水を利用した流れだと案内板に記されていた。

音無さくら緑地

三脚を立ててカメラをセットしていると、背後から初老の男性が突然現れた。

「ここ、すごいでしょ？」

突然すぎて返事に困る。

「今度、一〇人くらいが参加する石神井川を散歩する勉強会をするの。だから今日は下見」とのことだった。さらに「ここの写真撮るの？」と問われたので、頷《うなず》くと、

「いい心がけだね」

とまた意外なことを言われた。

「……あ、ありがとうございます」

写真を撮っているとときどき、声をかけられることはこれまでも何度かあったが、褒められたのははじめてだ。

郷土史家といった感じの方だろうか。このあたりのことにとても詳しそうだ。逆にお話を聞いてみたくなったのだが、

「じゃあ、がんばって」

と言い残し、あっという間に上流の方へ消えていった。

写真を撮り終わってから、先に進み、ぐるりと半円を描くように歩くと、コンクリートに囲

まれた川に再び戻った。

さらに上流を目指すと別の公園が現れた。音無もみじ緑地という。川の横に小さな池があり、そこから緩やかな斜面が台地の方向へ続いている。広々とした入り江のようなつくりになっている。ここもまたかつて川が蛇行していた流れを利用した公園のようだ。ただ古い地図と航空写真で確認してみると、先ほどの音無さくら緑地とは様子が違う。

昭和三六〜三九年の航空写真では川がUの字形に蛇行している。それが昭和四九〜五三年の写真ではまっすぐになっている。音無さくら緑地と同様だ。このあいだに大規模な工事が行われたのは間違いないが、驚くのは現在整備された人工の入り江部分がかつて宅地だったことだ。かつての写真にはいくつもの家が写っている。ということは、川をまっすぐにして、さらにUの字形の内側部分の住宅が立ち退いたことになる。ちなみに、音無さくら緑地の方は現在もUの字形の内側には住宅がそのまま存在している。

つまり、かつての面影を残すために公園はできたのではなく、まったく新しい形態として誕生したことになる。ちょっと愕然《がくぜん》とさせられるが、おそらく善福寺川の野球場や妙正寺川のテニスの壁打ちができるスペースなどが台風などの増水時には一時的に水を逃すための池となるのと同じ役割としてつくられたのではないだろうか。ちなみに昭和五四〜五八年の航空写真で

は、ここはグラウンドだったようだ。

私はその入り江から続く斜面を台地側に上り、公園の端、かつての川岸と思われるギリギリの地点に三脚を立てる。そのあとで今度は川の対岸へ渡り、川向こうから入り江を撮影した。現在、背後には巨大なマンションが立ちはだかるように存在している。あたかも堤防のように映る。

忘れじの通学路

さらに上流を目指すと埼京線（湘南新宿ライン）と交差する地点にぶつかった。頭上を線路が走っている。川とその高架を同時に写真におさめたくて、アングルを探したが適当なところが見つからない。そのあいだに何本も電車が通過していく。乗客にとっては一瞬で眼下を通り過ぎる風景にすぎないだろう。よっぽど興味がなければ川だと認識することもないはずだ。ちなみに私は学生時代の二年間、埼京線を使って通学していたのだが、この川のことはまったく認識していない。

絵になる排水口

別の日に王子駅から逆に隅田川との合流地点を目指した。まずは音無親水公園の手前で直進するかたちで飛鳥山の地下を通る飛鳥山分水路を流れる川が、再び顔を出す分水路の出口あたりへ向かった。地図で見ると駅のホームからほど近いところに位置した。駅前の建物をぐるりと回って遠回りしていくと、ほどなく見つかった。

どういうわけか、水はかなりどんよりしている。流れがあまりなく淀んでいる。そのため、ドブ川を連想させる。実際に微かに異臭がする。すると、自然と音無親水公園で、「マイナスイオン！　マイナスイオン！」と叫んでいた女性のことが頭に浮かぶ。目と鼻の先の距離である。少なくともここにはマイナスイオンは絶対に発生していないだろう。

ちなみにいろいろ調べていると、王子駅にとっては不名誉なことだろうが、液体の流れに関するニュースを見つけた。国鉄時代（昭和四一年）にトイレの配管を誤って雨水の管に接続する工事のミスがあったらしいのだが、それが発覚したのはなんと四〇年以上の時を経た平成二一（二〇〇九）年三月のことだという。四〇年以上、汚水を石神井川に垂れ流していたようだ。間違えること自体が信じられない気もするのだが……。

私は排水口にカメラを構える。絵になる。この感じが嫌いではない。何かしらの意味を失ったもの、奪われたものに魅力を感じる。一種の哀愁のようなものが漂っているからだ。この流

れを誰が石神井川の本流だと思うだろうか。本来の姿は追いやられ、こうして排除されている。そもそも石神井川がここを流れていることを、どれほどの人が認識しているだろうか。

すでに何度か書いたことだが現在、東京において川の存在は人の生活とは大きく切り離されている。このことをまた実感する。ホームの上には京浜東北線の電車を待つ人の姿がいくつかある。おそらくその誰の目にもこの川は目に入っていても、見えてはいないだろう。

空のような川面、地面のような首都高

飛鳥山分水路の出口に背を向けると、右手に首都高中央環状線が同じように地中から地上に現れる地点が見える。少し高い位置を走っていることもあり、こっちの方がかなり存在感に溢れている。道路は周りを銀色に光る金属の塀で囲まれているため走っている車は見えない。まるで巨大なチューブみたいだ。緩やかにカーブしてほんの一〇〇メートルほど先で川の上にかぶさり、さらに川の流れとほぼシンクロするかたちで上を走る。おそらく土地買収などの問題から川の上を通っているのだろう。金属の塀はかなりフォトジェニックだ。私は少し先の川の流れと首都高を一枚の写真に撮れる橋の中央に立ち、またカメラを構える。

撮影のために冠布を頭からかぶってピントグラスを覗くと、上下と左右が逆になって首都高

と川の隙間から溢れた光が水面に反射している像が映る。水にほとんど流れはない。やはり臭う。ピントを合わせていると、ふと川面の方が空で首都高の方が地面に見えてくる。そんな錯覚を抱く。ピントグラスを覗いているままの風景にまったく違和感がない。

ちなみに王子駅の東、日暮里崖線の東側の低地は明治時代からの工業地帯で、王子製紙、十條製紙などの製紙業、それに関連する印刷局、さらには火薬製造所など軍事工場もかつて存在した一帯だ。石神井川の水がそれを支えていたことになる。輸送の利便性がいい隅田川に近いことも重要な要因だったはずだ。

あやうさの上に都市は成り立つ

私はさらに川をくだる。王子第二ポンプ所の建設現場に出た。第二ということは第一がすでにあるはずで、すぐ隣に王子ポンプ所が存在していた。

工事現場は周りを白い壁で覆われていて中はまったく見えないが、丁寧な案内が出ていて、現在どのような工事が行われているか、さらに施設の仕組みなどが親切に記されていた。「浸水被害から街を守る下水道」「雨水排水能力が増強され、浸水による被害から街を守ります」という文字が並ぶ。

王子ポンプ所も含めて、この周辺から雨水が集められるのだ。主に雨水は日暮里崖線の東側の低地から集まっているようで、それをポンプ所の地下に集め、さらにポンプの力で隅田川に排出するという。

昭和初期は「道路が整備されていなかったり、空き地があったことにより降った雨の半分は地面に浸《し》み込み、残りの半分が下水管へ流れ込んでいました」。それが「近年には都市化の進展によりビル等が立ち並び、緑地や空き地が減り、雨水が地面に浸透せず下水管に流入する量が多量（約8割）となり下水道施設の能力が不足しています」とも記されている。そのため第二ポンプ所が必要になったようだ。

もしも、大雨や台風のときにこのポンプ所が何かしらのトラブルを起こし、稼働することがなかったら、このあたり一帯は水浸しになってしまうだろう。おそらく都市とはこんなあやうさのうえに成り立っている。

私は石神井川が隅田川へと流れ出す地点に立った。人通りはない。しばらくすると背後に男性が現れた。手元には町歩きのガイド本らしきものをもっている。一瞬、先日音無さくら緑地で会った男性かと思った。また同志に会ったような気がして、嬉しくなる。

〈解説〉やけに風流な「名残川」

今尾　恵介

かつて古多摩川がつくった扇状地上である武蔵野台地。そこにはかつての河道が東に末広がりのかたちで痕跡をとどめている。これが地形学用語にしてはやけに風流な「名残川」であるが、その何本かの名残川の中でも都区部でもっとも北側を流れるのが石神井川だ。

その源流は小平市にある名門ゴルフ場・小金井カントリー倶楽部の西端あたりの窪地で、そこから田無駅の南を通って西東京市から練馬区に入り、武蔵関公園の富士見池を経由、そこからくだって三宝寺池と石神井池からの流れを合わせてとしまえんの中を流れる。さらに板橋の宿場名の由来となった旧中山道の「板橋」をくぐって東流、花見の名所・飛鳥山の山裾から隅田川へ注ぐ。全長約二五キロの川で、かつては蛇行をきわめたが主に戦後の河川改修で河道はかなり直線的に変えられた。飛鳥山の北側を流れていた区間も今は首都高速道路とともにトンネルで山の下をくぐっている。これを書いてはじめて気づいたが、この川は小金井と飛鳥山という都内有数の桜の名所を結んでいるのだ。飛鳥山の脇をくだってくる都電の線路は、都内ではケーブルカーなどを除いて最急勾配の約六七パーミルに及ぶ。

埼京線と交差してから東の下流側は川がずいぶん低いところを流れている印象だが、これは

「河川争奪」的な変異の影響であろう。そもそも石神井川は縄文海進期、日暮里崖線に波が打ち寄せていた時期にここから隅田川へは直行しておらず、崖線の手前で南寄りに向きを変えて上野の不忍池を目指していた(藍染川)。しばらく時が経ち、海食崖が少しずつ痩せ細った結果、ある時点での洪水によって石神井川の水が海食崖を崩し、そのまま崖下へ流れることになったという。それまで豊富に水が流れていた千駄木あたりの谷間の川は、以前とは比べものにならないほどの小さな流れに変わったのである。

一旦そこで「自然の土手」たる日暮里崖線が切れてしまえば、あとは標高一五メートルの王子からほぼ〇メートルの隅田川へ向かって、水は滝のように落ちるばかりだ。石神井川は流速を上げて下向きに削り込み、削りに削ったのが今の深さではないか。かつては急流のことを「滝」と呼んだから、滝野川という地名が付いたのも偶然ではない。その豊富な水が安定して得られる王子の地に、その名を冠する製紙会社や紙幣の印刷所が早くから立地したのは当然の成り行きである。

あとがき

今尾　恵介

凹凸に満ちた東京の地形を流れる中小河川は意外に急勾配で、「昔は暴れ川だった」を枕《まくら》詞《ことば》のようにして語られることが多い。ところがその屈強な若い衆たちは、最後の活躍期にあたる高度経済成長期に最後の力をふりしぼって何度か氾濫し、住民を困らせた挙げ句に結局は高いコンクリート壁に鎮圧され、バイパス水路や巨大な地下神殿のような貯水槽の前に敗退していった。

川に成り代わって言わせてもらうとすれば、沿岸住民を困らせるのは決して本意ではない。まったりした退屈な日々の合間、たまには秋雨前線の気持ちの良い大雨に供給された大量の水を自由に流してみたいのは人情、いや川の偽らざる本心なのである。もともと「削って流す」のが川の仕事なんだから。従来はそれを黙って受け入れてくれた田んぼの沖積地に、ひと頃から家を建てて永住しようなんていうキテレツな人が激増してしまった。何しろ都心に近いからね。それでも役所にしてみれば、頻繁に床上浸水するような市街地を放置するわけにもいかない事情もわかる。

おまけにちょうどこの頃から、みんなが汚い水を流し放題にするようになった。臭くてかなわないから、好都合とばかりに片っ端から暗渠にしていった。神田川や目黒川、そして石神井川の息子や娘たちである支流も、もう日の目を見なくなって久しい。もちろん下水溝として日々裏方の仕事を仰せつかってはいるけれど。

かくしてひと頃には勇名を馳せた暴れ川の役者たちも、牙を抜かれておとなしくなっている。平時に橋から見下ろせば、幅広く深いコンクリートの三面張り打ちっ放しの排水溝の底に、ほんのちょろちょろ申し訳程度に水が流れるばかりだ。すでに「排水溝」としての役割しか期待されていない都市河川。


小林紀晴さんの写真を最初に見たのは、集英社新書編集部の渡辺千弘さんに本書の解説を頼まれたときである。そちらの方面にはまったくの素人である私は、失礼ながら「コンクリートの打ちっ放しがお好きなのだなあ」という第一印象を持った。私なら決してカメラを向けなそうな改修済み河川の、それも合流点のコンクリートのエッジなどを強調されている。理解の範囲を少しばかり超えてはいたが、同時に奇妙な懐かしさも感じた。

考えてみると私が子供の頃、都市を流れる中小河川といえばまさに「汚濁の象徴」であった。大学生までずっと過ごした横浜市内を流れる川も例外ではなく、どの川もドブの臭いがするのは当たり前で、相鉄の電車に乗って横浜駅へ向かう途中で俯瞰する帷子《かたびら》川に至っては、これに加えて紫や青、緑などの「色つき」だった。これは沿線に集まっていたスカーフやネクタイなどを染める捺染《なっせん》工場から排出される、おそらく当時は何も処理していない染料混じりの廃液だったのだろう。

もちろん今では帷子川も他の川も見違えるほどきれいになった。流域下水道の整備が追い付いて、ようやく「先進国」になったからだ。それでも臭い川、溢れる川にフタをするのが優先政策だった時代に育った人間にとって、コンクリート護岸といえば「必要悪」としか見ない習性が身についている。見違えるようにきれいになった今のコンクリート三面張り護岸の川に偏見なしに向き合えば、見方によっては紀晴さんが本書に書かれたように「神殿」に見えなくもない。国分寺市の野川の岸で撮影された作品からは、どうも奇妙に神々しい光さえ感じられるではないか。私の個人的な収穫をぼそっと表明させていただければ、これまで固着していた視点がほぐされたことだ。

さて、高度成長期が終わってしばらくして、平成の時代がやって来ると都市の立体化が目に見えて進んでいく。最近になって注目を浴びる「東京スリバチ学会」の代表・皆川典久さんの講演はいつも興味深いのだが、それを最初に聞いて深くうなずいたのは、台地と低地のお話である。江戸の昔から大名屋敷や武家地で占められていた台地上は、まとまった広さの土地があるので近年になって高層ビルが建つようになったけれど、これに対して昔ながらに細かく区画された谷間の町屋は、敷地が狭いので高層化しにくい。このため地形の上下の高度差はますます拡大され、かくして東京の凸凹はますます激しくなってきたというのである。

その江戸時代、住民たちは生活用水として必須の川に向かって生活していた。田んぼに水を入れ、飲み水を汲み、水車を掛けて粉を挽いていたのだから当然だ。北斎の浮世絵に「穏田の水車」というのがあるが、あの風景である。それが急速な近代化の進んだ特に昭和の頃から、とりわけ戦後の高度成長期にかけて、その川がみるみる「臭いもの」になり果ててしまったために、人々は徐々に川に背を向けて住むようになった……。

バブルがはじけてから数えても三〇年近く経った今、川はもはや臭くない。そうすると水辺を歩く散歩道をつくろうという発想も出てくるし、洒落た植栽が配されるようになれば、川に面した建物も臭いものにフタの「遮断壁」を取り払って大きなガラス窓に替え、その景色を観賞するようにもなる。川沿いを歩く人が増えてくると、スリバチ学会のメンバーのように観察眼に富んだ人たちが輩出し、昔時まだ川がきれいだった頃にそちらを向いていた暮らしの痕跡を見つけて歓喜する。

小林紀晴さんと編集の渡辺さんと赤羽を歩いたとき、びっしりと家の建つ谷間に控えめな湧水を見つけたのは、ちょっとした「慶事」だった。そこは市街化されながらも切り立った崖の下で、本来地下水が湧くべき場所である。かつての洗濯場らしき構造を呈していたが、おそらく戦後しばらくまでは、その湧水で洗濯しながらの井戸端会議風景があったかもしれない。古人にとって湧水は思えば不思議な現象であるから、そこに水神を祀《まつ》り、感謝をもって水を使わせてもらう。私たちの場が心もち華やいだのは、そんなご先祖の感覚が残っていたからなのか。

思えば東京に限らず、今ある街の地形は千年、万年、百万年というスパンの息の長い地球の営みの結果としてつくり上げられた。コンクリート構造物が「勝利」したのは、地質年代的にいえばつい数秒前といった感覚だろう。その長い年月にわたって営々として台地や丘陵を刻み続け、平地に堆積させてきた川。彼らはすっかり姿を変えたけれど、他へ引越すわけにもいかないから、相変わらずそこを流れ続けている。これからも、本書の関係者や読者諸賢がみんな土に還《かえ》った後も、そのまた何万年先までも、おそらくずっと流れていくのである。

参考文献

『5mメッシュ・デジタル標高地形図で歩く　東京凸凹地形案内2　都心のディープスポットから、武蔵野・多摩エリアまで（太陽の地図帖）』今尾 恵介（監修）平凡社（二〇一三年）
『東京の地霊』鈴木 博之　ちくま学芸文庫（二〇〇九年）
『東京の空間人類学』陣内 秀信　ちくま学芸文庫（一九九二年）
『中央線誕生　東京を一直線に貫く鉄道の謎』中村 建治　交通新聞社新書（二〇一六年）
『カラー版　地図と愉しむ東京歴史散歩』竹内 正浩　中公新書（二〇一一年）
『カラー版　地図と愉しむ東京歴史散歩　地形篇』竹内 正浩　中公新書（二〇一三年）
『東京の自然史』貝塚 爽平　講談社学術文庫（二〇一一年）
『カラー版　重ね地図で読み解く大名屋敷の謎』竹内 正浩　宝島社新書（二〇一七年）
『地形で解ける！　東京の街の秘密50』内田 宗治　じっぴコンパクト新書（二〇一六年）
『日本列島100万年史　大地に刻まれた壮大な物語』山崎 晴雄　久保 純子　講談社　ブルーバックス（二〇一七年）
『貝が語る縄文海進――南関東、＋2℃の世界　増補版』松島 義章　有隣新書（二〇一〇年）
『暗渠マニアック！』吉村 生　髙山 英男　柏書房（二〇一五年）
『デジタル鳥瞰　江戸の崖　東京の崖』芳賀 ひらく　講談社（二〇一二年）
『アースダイバー』中沢 新一　講談社（二〇〇五年）

『アースダイバー　東京の聖地』中沢新一　講談社（二〇一七年）
『凸凹地図でわかった「水」が教えてくれる東京の微地形散歩』内田宗治　実業之日本社（二〇一三年）
『明治大正凸凹地図　東京散歩』内田宗治　実業之日本社（二〇一五年）
『凹凸を楽しむ　東京「スリバチ」地形散歩』皆川典久　洋泉社（二〇一二年）
『凹凸を楽しむ　東京「スリバチ」地形散歩2』皆川典久　洋泉社（二〇一三年）
『凹凸を楽しむ　東京「スリバチ」地形散歩　多摩武蔵野編』皆川典久　真貝康之　洋泉社（二〇一七年）
『古地図で読み解く　江戸東京地形の謎』芳賀ひらく　二見書房（二〇一三年）

小林紀晴（こばやし　きせい）
一九六八年、長野県生まれ。写真家。東京工芸大学写真学科教授。著書に『写真学生』『days new york』『メモワール』『kemonomichi』『ニッポンの奇祭』『見知らぬ記憶』など多数。一九九七年『ＤＡＹＳ　ＡＳＩＡ』で日本写真協会新人賞、二〇一三年、第二十二回林忠彦賞を受賞。

今尾恵介（いまお　けいすけ）
一九五九年、神奈川県生まれ。地図研究家。一般財団法人日本地図センター客員研究員、日本地図学会「地図と地名」専門部会主査。

写《しゃ》真《しん》で愉《たの》しむ 東《とう》京《きょう》「水《すい》流《りゅう》」地《ち》形《けい》散《さん》歩《ぽ》

集英社新書〇九五六Ｄ

二〇一八年一一月二一日 第一刷発行

著者……小《こ》林《ばやし》紀《き》晴《せい》　監修・解説者……今《いま》尾《お》恵《けい》介《すけ》

発行者……茨木政彦

発行所……株式会社集英社

東京都千代田区一ツ橋二-五-一〇　郵便番号一〇一-八〇五〇

電話　〇三-三二三〇-六三九一（編集部）
〇三-三二三〇-六〇八〇（読者係）
〇三-三二三〇-六三九三（販売部）書店専用

装幀……原　研哉　組版……伊藤明彦（アイ・デプト．）

印刷所……凸版印刷株式会社

製本所……加藤製本株式会社

定価はカバーに表示してあります。

 ISBN 978-4-08-721056-9 C0225

Printed in Japan

歴史・地理——D

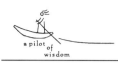

a pilot of wisdom

ヴィジュアル版――V

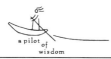